4
1964

Faserforschung und Textiltechnik

WISSENSCHAFTLICH-TECHNISCHE ZEITSCHRIFT
FÜR DIE CHEMIEFASER- UND TEXTILINDUSTRIE

BEGRUNDET VON
ERICH CORRENS UND WALTER FRENZEL

HERAUSGEGEBEN VON ERICH CORRENS –
WOLFGANG BOBETH – HANS BÖHRINGER – HERMANN KLARE

AUS DEM INHALT

AKADEMIE-VERLAG BERLIN

Faserforsch. u. Textiltechn. · 15. Jahrg. · Heft 4 · Seiten 137–192 · Berlin im April 1964

Faserforschung und Textiltechnik

4
1964

WISSENSCHAFTLICH-TECHNISCHE ZEITSCHRIFT
FÜR DIE CHEMIEFASER- UND TEXTILINDUSTRIE

BEGRÜNDET VON
ERICH CORRENS UND WALTER FRENZEL

HERAUSGEGEBEN VON E. CORRENS –
W. BOBETH – H. BÖHRINGER – H. KLARE

SCHRIFTLEITER J. BRÄMER

INHALT

Die Zeitschrift „Faserforschung und Textiltechnik" erscheint monatlich in Heften zu 48 Textseiten im Format A 4. Der Preis für das Einzelheft beträgt DM 9,–, für den Vierteljahrbezug DM 27,– zuzügl. Bestellgeld. Die Berechnung erfolgt zu Beginn eines Vierteljahrs für 3 Hefte. Bestellungen aus dem Gebiet der Deutschen Demokratischen Republik an ein Postamt, eine Buchhandlung oder den Verlag, aus der Deutschen Bundesrepublik an eine Buchhandlung oder die Auslieferungsstelle Kunst und Wissen, Erich Bieber, Stuttgart S, Wilhelmstraße 4–6, aus dem Ausland an eine Importbuchhandlung, den Deutschen Buch-Export und -Import, GmbH., Leipzig C 1, Postschließfach 276, oder den Akademie-Verlag GmbH., Berlin W 8, Leipziger Str. 3–4 (Fernruf: 220441; Telex-Nr. 011773; Postscheckkonto 35021) erbeten. Bestellnummer dieses Heftes: 1014/15/4. Alleinige Anzeigenannahme DEWAG-WERBUNG, Berlin C 2, Rosenthaler Str. 28/31, und alle DEWAG-Betriebe in den Bezirksstädten der DDR.

Bestellungen in der UdSSR nehmen entgegen: Städtische Abteilungen von „SOJUZPECHATJ" bzw. Postämter und Postkontore.

Herausgeber und verantwortlich für den Inhalt: Prof. Dr. Erich Correns, Institut für Faserstoff-Forschung der Deutschen Akademie der Wissenschaften zu Berlin, Teltow-Seehof, Fernruf: Teltow 4431; Prof. Dr.-Ing. habil. Wolfgang Bobeth, Institut für Technologie der Fasern der Deutschen Akademie der Wissenschaften zu Berlin, Dresden A 1, Hohe Str. 6, Fernruf: Dresden 40837; Prof. Dr.-Ing. Hans Böhringer, Institut für Textiltechnologie der Chemiefasern Rudolstadt, Fernruf: Rudolstadt 2031; Prof. Dr. Hermann Klare, Institut für Faserstoff-Forschung der Deutschen Akademie der Wissenschaften zu Berlin, Teltow-Seehof, Fernruf: Teltow 4431. Schriftleiter: Joachim Brämer, Teltow-Seehof, Kantstr. 55. Verlag: Akademie-Verlag GmbH., Berlin W 8, Leipziger Str. 3–4. Satz und Druck: Druckhaus „Maxim Gorki", Altenburg. – Veröffentlicht unter der Lizenznummer 1280 des Presseamtes beim Vorsitzenden des Ministerrates der Deutschen Demokratischen Republik.

Manuskriptsendungen von chemischen Beiträgen sind an die Herren Prof. Dr. Correns oder Prof. Dr. Klare, von technologischen Beiträgen an die Herren Prof. Dr. Bobeth oder Prof. Dr. Böhringer zu richten. Für Inhalt und Form gelten die „Richtlinien für die Annahme und Abfassung von Beiträgen", erhältlich von der Schriftleitung. Die Verfasser größerer wissenschaftlicher Arbeiten erhalten außer dem Honorar ein Heft und 50 Sonderdrucke ihrer Arbeit unentgeltlich.

Faserforschung und Textiltechnik

WISSENSCHAFTLICH-TECHNISCHE ZEITSCHRIFT FÜR DIE CHEMIEFASER- UND TEXTILINDUSTRIE

Band 15 April 1964 Heft 4

Untersuchungen zur Entwicklung eines Auto-Sicherheitsgurtes

Rolf Barthel und Gottfried Schauer

Deutsche Akademie der Wissenschaften zu Berlin, Institut für Technologie der Fasern in Dresden

DK 677.494.675—042.2:677.755:620.172.222
629.113:614.89

Auto-Sicherheitsgurte müssen ein hohes bleibendes Arbeitsaufnahmevermögen besitzen, eine Materialeigenschaft, die von nur gering verstreckter Polyamidseide bekannt ist. An Gurten aus teilverstreckter Polyamidseide wurde das Kraft-Dehnungs-Verhalten statisch sowie dynamisch untersucht. Von 30 bis 40% Dehnung an erfolgt bei dynamischer Belastung die weitere Dehnung bis zum Bruch mit konstanter Kraft; der elastische Arbeitsanteil liegt unter 20%.

Исследования по разработке предохранительных ремней для пассажиров автомашин

Предохранительные ремни должны обладать высокой остаточной удельной работой деформации, т. е. свойством, характерным только для полиамидного шелка с небольшой степенью вытяжки. В статических и динамических условиях были изучены кривые нагрузка-удлинение ремней из частично вытянутого полиамидного шелка. В случае динамической нагрузки дальнейшее удлинение до разрыва происходит с постоянным усилием, начиная с удлинения, равного 30—40%; доля упругой работы не превышает 20%.

Investigations in the Development of an Automobile Safety Belt

Automobile safety belts must be characterised by a high permanent absorption capacity of energy of deformation which is known to occur in slightly stretched polyamide multifilament yarns. The stress-strain curve of belts obtained from partly stretched polyamide multifilament yarns has been investigated by static and dynamic methods. From strain values of 30—40% the further strain increase up to the failure proceeds in dynamic experiments at constant stress. The elastic component of the energy of deformation is lower than 20%.

1 *Einleitung*

Die rasch zunehmende Dichte des Straßenverkehrs in allen Ländern hat auch eine mindestens gleich hohe Steigerung der Unfallziffern mit sich gebracht. Der Kraftfahrzeugbau hat deshalb nach Möglichkeiten gesucht, die meist schweren Unfallfolgen für die Fahrzeuginsassen zu mindern. Es kommt in erster Linie darauf an, die Personen vor dem Aufprall auf feste Teile im Fahrzeug zu bewahren.

Als praktisch vorerst wirkungsvollste Maßnahme hierzu hat sich das Anlegen von Textilgurten erwiesen. Beim Unfall hält ein solcher Gurt den Körper zurück, jedoch nicht starr, sondern nachgiebig. Die Nachgiebigkeit wird von der Dehnfähigkeit des Gurtmaterials bestimmt; sie soll so groß sein, daß der im PKW zur Verfügung stehende freie Raum voll genutzt wird. Bei zu starrem Gurt wird die Verzögerung, der der Mensch beim Abbremsen ausgesetzt ist, zu groß, ebenso auch die Flächenpressung, die aus der begrenzten Gurtbreite und den im Gurt wirksam werdenden Kräften resultiert. Experimente zeigten, daß der Körper einer erwachsenen Person äußerst kurzzeitige Verzögerungen bis zum 50- oder gar 100fachen der Erdbeschleunigung ohne bedeutenden Schaden ertragen kann [1]. Für einen Sicherheitsgurt ist es notwendig, Faserstoffe einzusetzen, deren Kraft-Dehnungs-Diagramm eine sehr große Arbeitsfläche aufweist, denn um die beim Unfall vom Gurt aufgenommene Arbeit vermindert sich die kinetische Energie des Insassen. Die Gesamtarbeit textiler Materialien setzt sich aus elastischen und plastischen Anteilen zusammen. Der elastische Anteil muß gering sein, da die durch ihn im Gurt gespeicherte Energie nach der Abbremsung wieder frei wird und den Fahrzeuginsassen in den Sitz zurückschleudert. Bei sehr elastischen Gurten kann es ebenfalls zu schweren Verletzungen kommen, z. B. an der Wirbelsäule. Es ist deshalb notwendig, Gurte mit hohem plastischen Arbeitsaufnahmevermögen zu entwickeln.

Von Ländern wie Schweden, die sich bereits einige Jahre mit der inneren Sicherheit der Kraftfahrzeuge und den Sicherheitsgurten beschäftigen, ist bekannt, daß vorwiegend Polyesterseiden für die Gurtherstellung verwendet werden. Es handelt sich um spezielle, besonders schrumpfreiche Typen, die zum Gurt verarbeitet nach einer Schrumpfbehandlung gute plastische Dehnfähigkeit bei nur geringer elastischer Rückwirkung besitzen [1, 2]. Auch Gurte aus Polyamidseide sind im Gebrauch. Auf Grund der Forderung nach einem großen Aufnahmevermögen an bleibender Arbeit lag die Vermutung nahe, daß eine nur zum geringen Teile verstreckte Polyamidseide zur Herstellung von Autosicherheitsgurten besonders gut geeignet sei. Die übliche Verstreckung der Polyamidseide auf Streckzwirnmaschinen dient bekanntlich einer möglichst weitgehenden Herabsetzung des plastischen Dehn- und damit Arbeitsvermögens, die für die bekannten Anwendungen des Materials notwendig ist. Unmittelbar nach der Erspinnung oder nach einer nur geringen Verstreckung besitzt Polyamid noch ein sehr hohes Arbeitsaufnahmevermögen mit großem plastischen Anteil.

So zeigten bereits Untersuchungen von *v. Ardenne* und *Panzer* [3] an unverstreckten Polyamidfäden ein im Hinblick auf die Verwendung für Autosicherheitsgurte günstiges Verhalten. Im Fallversuch war die Verzögerung einer abgebremsten Masse praktisch über der gesamten Abbremszeit konstant.

Die vorliegende Arbeit dient eingehenderen Untersuchungen zur Anwendung nur teilverstreckter Polyamidseide für Autosicherheitsgurte. Insbesondere gilt es, die am Faden gefundenen Eigenschaften textilkonstruktiv auf den Gurt zu übertragen und das dynamische Verhalten des Gurtes zu studieren. Hierzu sollen die früher [3] nicht erfaßten Kraft-Dehnungs-Eigenschaften aufgenommen werden, um beispielsweise auch Aussagen über den Anteil der elastischen Arbeit machen zu können.

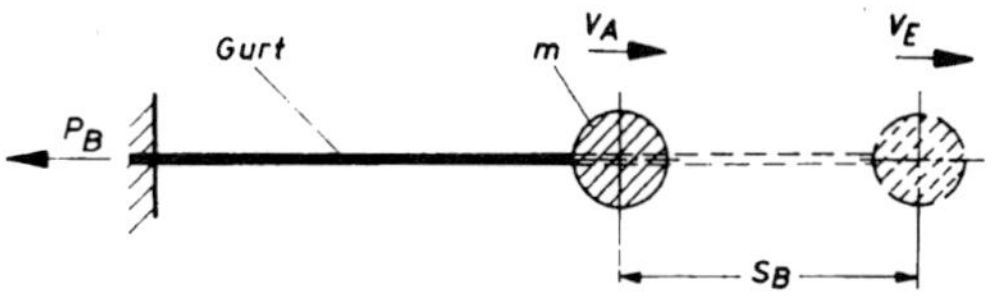

Bild 1. Berechnungsmodell für die Abbremsung einer Masse von der Anfangsgeschwindigkeit v_A auf die Endgeschwindigkeit v_E durch einen Gurt

2 *Theoretische Betrachtungen*

Wie amerikanische Analysen [4] vieler Kraftfahrzeugunfälle ergaben, tritt der besonders gefährliche frontale Stoß des Fahrzeuges auf ein festes Hindernis sowohl im Stadt- als auch im Überlandstraßenverkehr mit 66% bzw. 54% weitaus am häufigsten auf. Über die dabei existierenden komplizierten Zusammenhänge zwischen der Verformung des Wagenvorbaues und dem Innenraum des Wagens wurden u. a. von *Eberan-Eberhorst* und *Keil* [4, 5] Berechnungen angestellt.

Für die nachfolgenden eigenen Untersuchungen sollen notwendige Berechnungen auf die Beziehungen zwischen der Person im Fahrzeuginneren und dem Gurt begrenzt bleiben. Bild 1 stellt das Berechnungsmodell dar. Der Gurt ist links entsprechend seiner Aufhängung an Teilen der Fahrzeugkarosserie eingespannt und rechts mit der Körpermasse m verbunden. Beim Unfall, beginnend mit der Anfangsgeschwindigkeit v_A, wird der Gurt um die Bremsstrecke s_B gelängt und die Geschwindigkeit der Masse m auf v_E herabgesetzt, bevor der Gurt zerreißt (für $v_E > 0$). Die am Festpunkt auftretende mittlere Bremskraft P_B errechnet sich nach dem Energiesatz

$$T_{\text{vor}} + U_{\text{vor}} = T_{\text{nach}} + U_{\text{nach}},$$

$$T_{\text{vor}} = \frac{m}{2}\, v_A^2, \quad T_{\text{nach}} = \frac{m}{2}\, v_E^2,$$

$$U_{\text{vor}} = 0, \qquad U_{\text{nach}} = P_B \cdot s_B,$$

$$\frac{m}{2} \cdot v_A^2 = \frac{m}{2} \cdot v_E^2 + P_B \cdot s_B,$$

$$\text{zu} \quad P_B = \frac{m}{2 \cdot s_B}\,(v_A^2 - v_E^2). \tag{1}$$

(m = Masse des Fahrzeuginsassen,
s_B = Bremsweg, größte Längung des Gurtes,
P_B = mittlere Bremskraft über dem Bremsweg s_B,
v_A = Anfangsgeschwindigkeit der Masse m zu Beginn der Belastung,
v_E = Endgeschwindigkeit der Masse m nach dem Zerreißen des Gurtes,
$T_{\text{vor, nach}}$ = Kinetische Energie vor bzw. nach der Belastung,
$U_{\text{vor, nach}}$ = Potentielle Energie vor bzw. nach der Belastung,
t_B = Bremszeit,
b = mittlere Bremsverzögerung (im Diagramm Bild 3 als Vielfaches der Erdbeschleunigung angegeben),
A_G = Gurtarbeit).

Die Bremszeit ist (unter der vereinfachenden Voraussetzung linearer Geschwindigkeitsabnahme)

$$t_B = \frac{2\, s_B}{v_A - v_E}, \tag{2}$$

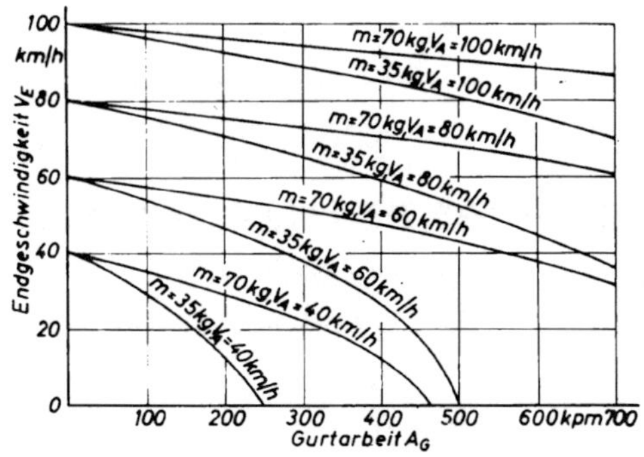

Bild 2. Theoretische Abhängigkeit der Endgeschwindigkeit v_E vom Arbeitsaufnahmevermögen A_G eines Gurtes für verschieden große abzubremsende Massen m und Anfangsgeschwindigkeiten v_A als Parameter

und die Bremsverzögerung b ergibt sich nach

$$v\, dv = b\, ds,$$

$$\int_{v_A}^{v_E} v\, dv = \int_0^{s_B} b\, ds,$$

$$\frac{v_E^2 - v_A^2}{2} = b \cdot s_B,$$

$$\text{zu} \quad b = \frac{v_E^2 - v_A^2}{2 \cdot s_B}. \tag{3}$$

Die vom Gurt aufzunehmende Arbeit A_G ist

$$A_G = P_B \cdot s_B. \tag{4}$$

Aus diesen Beziehungen lassen sich die Zusammenhänge zwischen der Arbeit A_G und der Endgeschwindigkeit v_E bzw. der Bremsverzögerung b für verschiedene Körpermassen, Anfangsgeschwindigkeiten und Bremswege ableiten.

Aus den Gleichungen (1) und (4) folgt für v_E

$$v_E = \sqrt{v_A^2 - \frac{2 A_G}{m}}. \tag{5}$$

Im Diagramm Bild 2 sind für zwei Körpermassen mit m = 70 kg und m = 35 kg sowie für die Anfangsgeschwindigkeiten v_A = 100, 80, 60, 40 km/h die zu erwartenden Endgeschwindigkeiten, d. h. also die

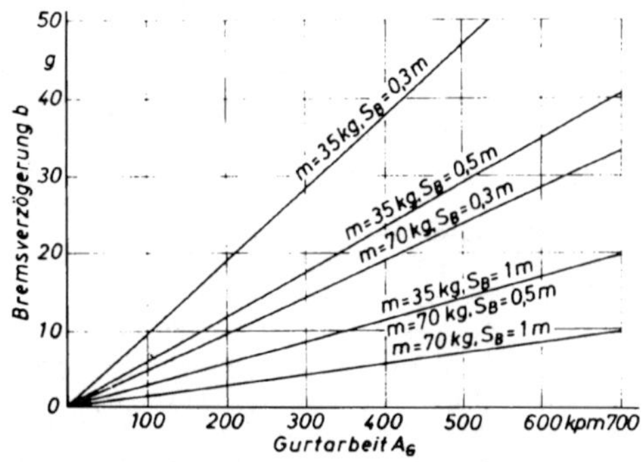

Bild 3. Theoretische Abhängigkeit der Bremsverzögerung b — ausgedrückt in Vielfachen der Erdbeschleunigung g — vom Arbeitsaufnahmevermögen A_G eines Gurtes für verschieden große abzubremsende Massen m und Bremswege s_B als Parameter

Geschwindigkeiten, auf die herab ein Körper durch den bis zum Zerreißen belasteten Gurt abgebremst werden kann, in Abhängigkeit vom Arbeitsaufnahmevermögen des Gurtes dargestellt.

Das nach der aus den Gleichungen (1), (3) und (4) abgeleiteten Beziehung

$$b = \frac{A_G}{m \cdot s_B} \qquad (6)$$

gezeichnete Diagramm Bild 3 zeigt, daß Körper mit geringerer Masse (Kinder!) von einem bestimmten Gurt härter abgebremst werden als größere Massen. Besonders bei den kurzen im Wagen zur Verfügung stehenden Bremswegen, die für Personenkraftwagen der europäischen Klein- und Mittelklasse nur ca. 0,3 m betragen, und Gurten hohen Arbeitsaufnahmevermögens kann leicht die erträgliche Verzögerung überschritten werden.

Die Vielfalt der theoretisch bedingten Einflüsse läßt keinen Gurt zu, der für alle abzubremsenden Körpermassen und alle Anfangsgeschwindigkeiten gleich gute Eigenschaften hat. Es muß ein Kompromiß geschlossen werden.

3 *Versuchsgurt*

Als Fadenmaterial stand eine im VK-Rohr ersponnene Polyamid-Cordseide der Spinn-Nummer Nm 2,7 (360 tex) zur Verfügung. Diese Seide wurde auf einer Streckzwirnmaschine zur Endnummer Nm 5,5 (180 tex) verstreckt. Um eine bessere Verwebbarkeit zu erzielen, wurde die Seide mit 95 Dr/m — d. h. höher als üblich — schutzgezwirnt, so daß sie bereits in dieser Form zum Verweben geeignet war. Die Höhe des gewählten Streckverhältnisses wurde von zwei Faktoren bestimmt. Einmal sollte die Arbeitsaufnahme der Fäden unter Zug möglichst groß bleiben, ohne daß aber völlig unverstrecktes Material eingesetzt wurde, weil dieses für die Verarbeitung in der Schärerei und Weberei zu empfindlich erschien. Zum anderen sollte die teilverstreckte Seide eine ausreichende Gleichmäßigkeit besitzen, was eine Mindestverstreckung von etwa 1:2 zur Voraussetzung hat. In geringer verstreckten Seiden sind häufig Inseln mit unverstrecktem Material anzutreffen. Diese teilverstreckten, schutzgedrehten Fäden wurden zu Ketten geschärt und auf einem mittelschweren, mehrgängigen Bandwebstuhl, der mit einer Doppelhub-Offenfachschaftmaschine ausgestattet war, zum Gurt verwebt. Aus einer Reihe von Versuchen ging das Gurtmuster ASG 28 hervor, das für die nachfolgenden Prüfungen Verwendung fand. Dieser Gurt hat eine Breite von 50 mm und eine Dicke von 3,5 mm. Die Bindung weist, wie Bild 4 als Schnitt in Kettrichtung zeigt, überwiegend lang flottierende Kettfäden — insgesamt 292 — auf.

Im Hinblick auf die spätere dynamische Belastung, insbesondere die Krafteinleitung in die Fäden und die Impulsfortpflanzung, erschien dies günstiger als eng kreuzende Kettfäden.

Der Schuß bestand aus einem Baumwollzwirn 2 × Nm 20/2 (50 tex × 2 × 2d). Wie aus der Schnittzeichnung des Bildes 4 zu entnehmen ist, weist dieser Gurt an seiner Oberseite eine ausgeprägte Querrippenstruktur auf, die ihm eine hohe Quersteifigkeit bei gleichzeitig guter Längsflexibilität verleiht. Diese Rippenstruktur wurde außerdem besonders deshalb für vorteilhaft gehalten, weil sie eine Möglichkeit bietet, durch einfache Längenmessungen die Dehnung des gesamten Gurtes oder auch begrenzter Abschnitte — bei örtlichen Überdehnungen — festzustellen.

4 *Statische Prüfungen*

Der Natur eines Fahrzeugunfalles nach ist die Belastung, die der Gurt dabei erfährt, stets dynamischer Art. Bei dynamischer Beanspruchung können aber in Abhängigkeit von der Prüfgeschwindigkeit bekanntlich sehr unterschiedliche Materialeigenschaften erhalten werden. Aus diesem Grunde wurden statische Untersuchungen stark eingeschränkt und nur so weit ausgeführt, als sie für spätere Vergleiche mit den dynamischen Prüfwerten interessant erschienen.

Der im Versuchsgurtmuster ASG 28 verwendete Einzelfaden aus teilverstreckter Polyamid-Cordseide Nm 5,5 (180 tex) wurde auf einem Zugprüfgerät für Cord (Pendelprinzip) geprüft und das K-D-Diagramm aufgezeichnet. Bild 5 zeigt den Kraft-Dehnungs-Verlauf von fünf Einzelreißungen sowie ihren Mittelwert. Charakteristisch ist das nach anfänglich steilem Kraftanstieg einsetzende Fließen im Knickpunkt der Kurvenschar, wobei sich allerdings kein ausgesprochenes, zur Abszisse parallel verlaufendes Plateau einstellte, sondern die Kraft ständig — wenn auch langsamer als im Anfangsbereich — weiter anwächst bis zum Bruch des Fadens. Die Bruchdehnung ist erwartungsgemäß hoch und liegt zwischen 100 und 130%. Bei den Prüfungen am Gurt ASG 28 auf einer Zugprüfmaschine für Gurte mit wegloser Kraftmessung ergaben sich vier nahezu deckungsgleiche Einzel-K-D-Diagramme. Die Dehnung wurde mit Hilfe eines auf dem Prüfkörper befestigten Meßbandes gemessen, um Fehler durch das Herausziehen aus den Klemmen zu vermeiden. Wie Bild 6 zeigt, hat das am Gurt aufgenommene K-D-Diagramm einen grundsätzlich

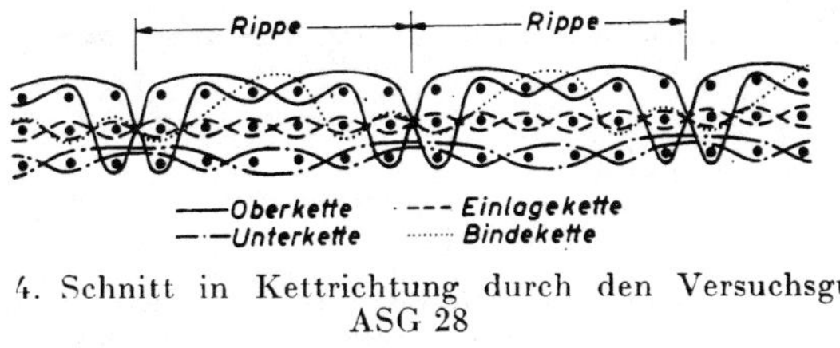

Bild 4. Schnitt in Kettrichtung durch den Versuchsgurt ASG 28

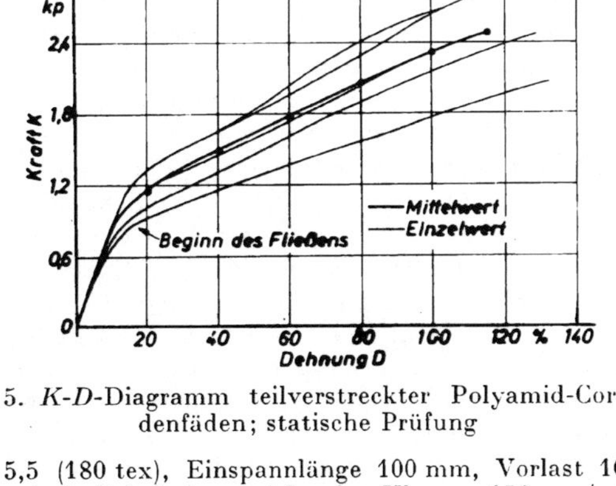

Bild 5. *K-D*-Diagramm teilverstreckter Polyamid-Cordseidenfäden; statische Prüfung

Nm 5,5 (180 tex), Einspannlänge 100 mm, Vorlast 100 p, Geschwindigkeit der abziehenden Klemme 150 mm/min

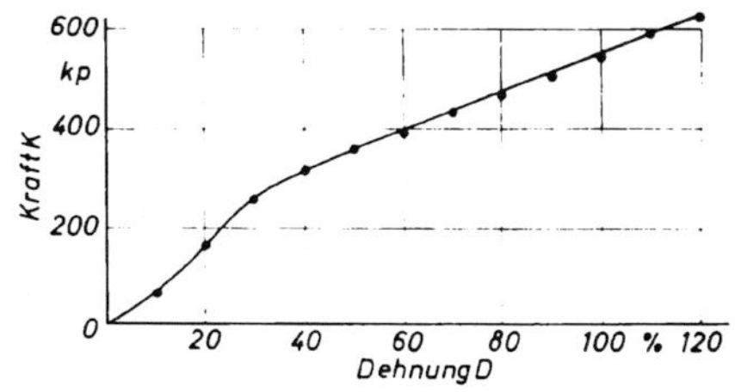

Bild 6. *K-D*-Diagramm des Versuchsgurtes ASG 28 aus teilverstreckten Polyamid-Cordseidenfäden; statische Prüfung Einspannlänge 100 mm, Geschwindigkeit der abziehenden Klemme 100 mm/min

ähnlichen Verlauf. Erkennbar ist auch hier wieder ein Abknicken der Kurve nach dem Kraftanstieg auf ca. die halbe Höhe der Bruchkraft. Dies erfolgt aber erst bei einer Dehnung von ca. 35% im Gegensatz zum Faden, bei dem der Knick bei rd. 20% Dehnung liegt. Eine Erklärung findet das im Aufbau des Gurtes; durch die vielfache Fadenverkreuzung und die Einarbeitung der einzelnen Fadensysteme wird im unteren Belastungsbereich vor allem der Gurt als Fadenverband gedehnt, später überwiegt dann die Materialdehnung der einzelnen Kettfäden.

Das Gurtmuster ASG 28 entstammte einer systematischen Versuchsreihe, in der neben variierten Kettfadenzahlen unterschiedliche Bindungsarten erprobt wurden. Auf Muster gleicher Kettfadenzahl bezogen, konnte festgestellt werden, daß im Gegensatz zur allgemeinen Erfahrung die verschiedenen Bindungsarten fast ohne Einfluß auf den Kraft-Dehnungs-Verlauf blieben. Das ist auf das große plastische Dehnvermögen der nur teilverstreckten Polyamidseide zurückzuführen. Ebenso blieben unterschiedliche Schußmaterialien (Polyamidseide, Baumwolle) ohne bedeutenden Einfluß.

5 Dynamische Prüfungen

Gegenüber den im statischen Zugversuch angewendeten Dehngeschwindigkeiten, die nur in der Größenordnung von Millimetern pro Sekunde lagen, ist die Dehngeschwindigkeit des Gurtes beim Fahrzeugunfall um etwa drei Größenordnungen höher. So hohe Geschwindigkeiten sind mit den Labor-Zugfestigkeitsprüfgeräten auch nicht annähernd erreichbar. Außerdem bereitet die hohe Bruchdehnung prüftechnisch nicht unerhebliche Schwierigkeiten. In Ermanglung handelsüblicher Prüfeinrichtungen war es deshalb unerläßlich, neue Prüfverfahren auszuarbeiten bzw. Prüfeinrichtungen aufzubauen.

Im Hinblick auf die Dehngeschwindigkeit sind dazu zwei prinzipiell verschiedene Wege beschreitbar. Einmal kann sie in Anlehnung an die übliche Zugprüfung für Gurte konstant gehalten werden, zum anderen ist es möglich, daß sie während des Zugversuches zu- oder abnimmt. Eine abnehmende Belastungsgeschwindigkeit entspricht der natürlichen Belastung des Gurtes im Fahrzeug, da von ihm gefordert wird, daß er die Personenmasse von der anfänglichen Belastungsgeschwindigkeit v_A auf eine Endgeschwindigkeit v_E, die gleich Null sein soll, abbremst. Ob sich auf diesen unterschiedlichen Wegen auch voneinander abweichende Gurteigenschaften ergeben werden, ist nicht ohne Experimente zu sagen. In den nachfolgend beschriebenen Versuchen wurden beide Wege beschritten.

Dynamische Versuche sind im Versuchsaufbau in der Regel wesentlich aufwendiger als statische, ganz besonders hier, wo Gurte hoher Festigkeit und mit großem Arbeitsaufnahmevermögen geprüft werden sollen. Dazu mußten einesteils Einrichtungen geschaffen werden, um den Gurt in einer dem Fahrzeugunfall ähnlichen kurzen Zeit belasten zu können, anderenteils war es notwendig, die interessierenden Materialkenngrößen bei den kurzen Prüfdauern in der Größenordnung von Zehntelsekunden zu messen. Aus Zeitgründen und auch im Hinblick auf die Kosten sollten improvisierte Versuchsanordnungen Anwendung finden, aber mit einer für die vorliegende Aufgabe ausreichenden Funktionssicherheit und Meßgenauigkeit.

5.1 Dynamische Prüfungen mit konstanter Dehngeschwindigkeit

Bei konstanter Dehngeschwindigkeit müssen Anfangsgeschwindigkeit v_A und Endgeschwindigkeit v_E gleich sein. Nach Gleichung (5) muß dann der Ausdruck

$$\frac{2A_G}{m} = 0$$

sein. Da die Arbeitsaufnahme A_G des Gurtes festliegt, ist diese Forderung annähernd nur mit einem sehr hohen Wert von m zu verwirklichen. Es ist also notwendig, eine sehr große Masse auf die gewünschte hohe Geschwindigkeit zu beschleunigen. Praktisch wurde dafür folgende Lösung gefunden:

Versuchsanordnung

Auf Bild 7 ist die Versuchsanordnung skizziert. Den Festpunkt für die Prüfung des waagerecht liegenden Gurtes stellt ein starker Baum (Stammdurchmesser ca. 0,7 m) dar. Den Baum umschlingt ein Stahlseil, das in einem Karabinerhaken endet und über ein Kraftmeßglied, einen zweiten Karabiner und einer Dreieckösc (Beschlagteil für Fallschirmgurte) mit dem Gurt verbunden ist. Die Gurtlänge im unbelasteten Zustand beträgt 1 m. Am anderen Gurtende findet sich wieder eine Dreieckösc und ein Karabiner, von dem ein ca. 15 m langes Stahlseil zum Chassisrahmen eines Kraftwagens führt.

Zur Durchführung des Versuches fährt der Fahrer des Kraftwagens mit voller Motorkraft an, entkuppelt aber den Motor, bevor sich das Stahlseil völlig strafft, wodurch sich bei der genügend großen Masse des Wagens (ca. 1500 kg) eine nahezu konstante Belastungsgeschwindigkeit einstellt. Ohne Entkuppeln wurde dagegen eine unerwünschte Geschwindigkeitszunahme festgestellt. Die dem Fahrzeug innewohnende kinetische Energie wirkt über das Stahlseil auf den Gurt und bringt ihn zum Zerreißen.

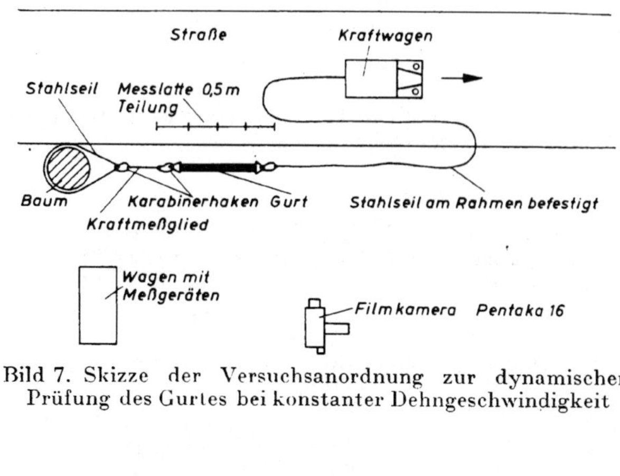

Bild 7. Skizze der Versuchsanordnung zur dynamischen Prüfung des Gurtes bei konstanter Dehngeschwindigkeit

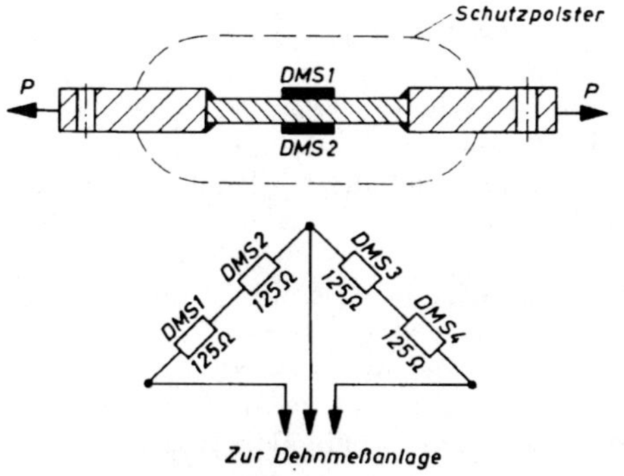

Bild 8. Kraftgeber mit Dehnmeßstreifen für die dynamische Zugfestigkeitsprüfung des Gurtes und Schaltbild der Dehnmeßstreifen

Meßeinrichtungen

Den Meßeinrichtungen fällt die Aufgabe zu, das K-D-Diagramm des Gurtstückes während dieser dynamischen Belastung aufzunehmen. Wegen der hohen Prüfgeschwindigkeit scheiden die trägen mechanischen Meßmethoden aus. Für den vorliegenden Fall, bei dem die Prüfdauer in der Größenordnung von Zehntelsekunden liegt, kommen nur elektrische, elektronische oder optische Verfahren in Frage. Zum Beispiel wäre es möglich, das K-D-Diagramm in geschlossener Form dadurch darzustellen, daß die beiden Ablenksysteme eines Elektronenstrahloszillographen getrennt von elektrischen Meßwertgebern angesteuert werden. Dem Y-Verstärker müßte eine der Kraft proportionale Spannung dem X-Verstärker eine dem Weg proportionale Spannung zugeführt werden.

Apparativ einfacher war es, den Kraftverlauf über der Zeit und den Wegverlauf über der Zeit (Verlängerung des Gurtstückes) gesondert voneinander aufzunehmen und aus beiden Kurven unter Eliminierung der Zeit das K-D-Diagramm zu konstruieren. Aus dem Weg-Zeit-Verlauf konnte außerdem die Dehngeschwindigkeit ermittelt und ihre Konstanz kontrolliert werden.

Für die trägheitslose dynamische Messung der Kräfte wurden Dehnmeßstreifen verwendet, die einfach im Aufbau, wenig störanfällig und sehr genau sind. Der Aufbau des Gebers geht aus Bild 8 hervor. Er besteht aus einem Flachstab aus Stahl (Abmessung 70 × 20 × 4 mm) als Dehnstück und beidseitig angeschweißten stählernen Laschen (70 × 30 × 10 mm). Die Bohrungen in den Laschen nehmen die Koppelglieder (Karabinerhaken) auf. Der Flachstab ist beidseitig mit Dehnmeßstreifen beklebt, die zu einer Halbbrücke zusammengeschaltet sind. Zum Schutz der Dehnmeßstreifen gegen Beschädigungen sind diese durch ein Polster umhüllt. Die Dehnmeßstreifen DMS 3 und DMS 4 im rechten Brückenzweig sind passiv, aber zwecks Temperaturkompensation in der Nähe von DMS 1 und DMS 2 angeordnet. Die besondere Anordnung von DMS 1 und DMS 2 in *einem* Brückenzweig bewirkte, daß der Kraftgeber weitgehend biegeunempfindlich wurde (Dehnung und Stauchung heben sich auf), aber zugempfindlich blieb. Der Geber wurde an die Dehnmeßanlage vom VEB Technisch-Physikalische Werkstätten Thalheim angeschlossen, von deren Ausgang ein Schleifenoszillograph zur Registrierung des Kraft-Zeit-Verlaufes angesteuert wurde.

Als Zeitmaßstab diente eine zugleich mit dem Kraftverlauf registrierte Frequenz-Marke.

Die gesamte Kraftmeßeinrichtung (Geber, Dehnmeßanlage, Verstärker, Schleifenoszillograph)wurde mit Hilfe eines Federdynamometers statisch geeicht. Der Meßfehler der Kraftmessung wird mit kleiner als ± 5% eingeschätzt. Für die Messung der Dehnungszunahme des Gurtes während der Prüfdauer wurde eine 16 mm-Schmalfilmkamera (Pentaka 16, VEB Kinowerke Dresden) eingesetzt, die durch Zusatzeinrichtungen bis zu 96 Bilder/s aufzunehmen gestattet. Die Ganggenauigkeit der Kamera wurde in mehrfacher Weise, z. B. durch Ausmessen einer Filmlänge, deren Laufzeit bekannt war, überprüft und mit kleiner als ± 4% als ausreichend genau gefunden, so daß die Bildfrequenz als Zeitbasis für die Dehnungsmessung angesehen werden konnte. Die Dehnung selbst wurde am projizierten Film aus der Längenzunahme des Gurtes von Bild zu Bild ermittelt. Als Längenmaßstab war eine Meßplatte mit 0,5 m Teilung mitgefilmt worden, die sich in gleicher Entfernung wie der Gurt von der Kamera befand.

Versuchsergebnisse

Die Versuche ergaben eine Reihe von Problemen, die hier nur an einem Beispiel erwähnt werden können. Ein solches Problem war die richtige Krafteinleitung. Beim statisch durchgeführten Zugversuch bereitete es keine Schwierigkeiten, die erforderlichen hohen Kräfte in den Gurt einzuleiten und ihn auf der Prüfstrecke zu Bruch zu bringen. Anders beim dynamischen Versuch. Anfangs wurde mit Beschlagteilen gearbeitet, deren Stege, die vom Gurt umschlungen werden, einen Radius von 2,5 bis 3 mm aufwiesen. Der Gurt kam ständig in unmittelbarer Nähe des ersten Steges zum Bruch, wobei er dort örtlich überdehnt war, ohne daß sich eine nennenswerte Dehnung über die gesamte Gurtlänge zeigte.

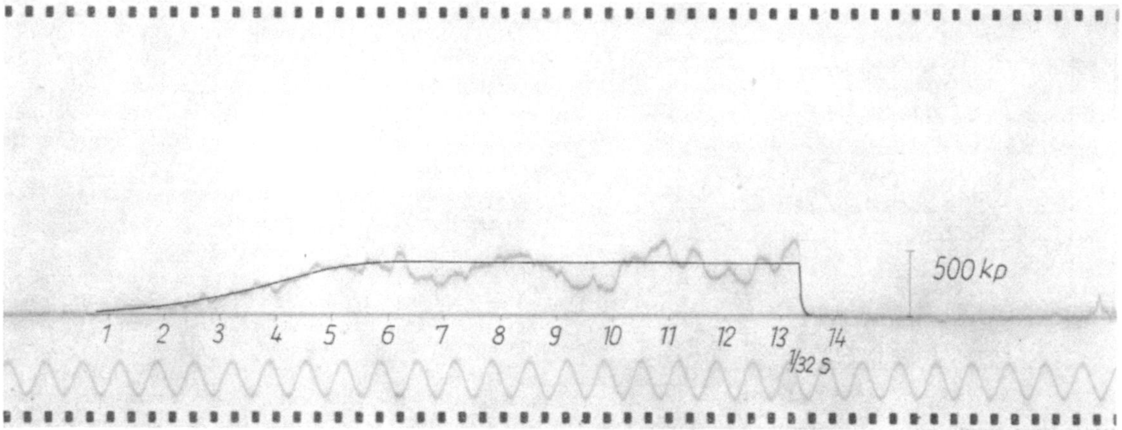

Bild 9. Kraft-Zeit-Verlauf des Gurtes bei dynamischer Prüfung mit konstanter Dehngeschwindigkeit im Schleifenoszillogramm.
Anfangsgeschwindigkeit $v_A = 3{,}8$ m/s

Eine Lösung konnte in einem besonders gefertigten Zugbügel gefunden werden, der einen Umschlingungsradius von 10 mm aufwies. Damit wurden alle weiteren Versuche nahezu störungsfrei durchgeführt. Wie sich bei den Versuchen mit abnehmender Dehngeschwindigkeit (Abschnitt 5.2) zeigte, war ein so großer Biegeradius nicht unbedingt erforderlich, denn auch bereits mit einem Radius von 5 mm kam es nicht mehr zum Bruch am Steg.

Ebenso wichtig war die richtige Einschlingung beider Gurtenden, um ein Rutschen des Gurtes in der 3-Steg-Schnalle zu verhindern. Die Haftung wurde durch die ausgeprägte Rippenstruktur der Gurtoberseite (Abschnitt 3) wirkungsvoll unterstützt.

Bild 9 zeigt den Kraft-Zeitverlauf eines Gurtstückes von ca. 1 m Länge bei einer Dehngeschwindigkeit von 13,5 km/h entsprechend 3,8 m/s. Die Sinuskurve ist die als Zeitmaß dienende Frequenz-Marke. Die Wechselspannung wurde einem RC-Generator entnommen (Fehler $< 1{,}5\%$). Die obere Kurve entspricht dem Kraftverlauf im Gurt. Nach allmählichem Kraftanstieg bis auf 400 kp setzt das Fließen der teilverstreckten Fäden ein, und die Kraft bleibt im Mittel bei diesem Wert konstant. Bei den Schwankungen um den eingezeichneten Mittelwert spielen sehr wahrscheinlich Schwingungen im Stahlseil zwischen dem Gurt und dem Kraftwagen eine Rolle. Das Stahlseil ist als straff gespannte Saite zu betrachten, in der sich der vom Fahrzeug herrührende Stoß wellenförmig fortpflanzt, bis er am anderen Ende der Aufhängung reflektiert wird. Dabei auftretende Kraftspitzen können erst nach einer endlichen Zeit vom Gurt ausgeglichen werden. Nach dem Bruch geht die Kraft sofort auf Null zurück. Insgesamt dauerte der Prüfvorgang 0,4 s.

Die Auswertung des Schleifenoszillogrammes für die Kraft und der Filmbilder für die Verlängerung des Gurtes ergaben in Bild 10 die Kurven $K = f(t)$ und $D = f(t)$. Aus letzterer wurde die Dehngeschwindigkeit errechnet. Die stark ausgezogene Linie stellt das konstruierte *K-D*-Diagramm aus $K = f(t)$ und aus der Kurve $D = f(t)$ errechneten prozentualen Dehnung dar. Der Anstieg des *K-D*-Diagrammes ist steiler als beim statisch geprüften Gurt und endet in einem schon aus Bild 9 ersichtlichen Plateau. Bei konstanter

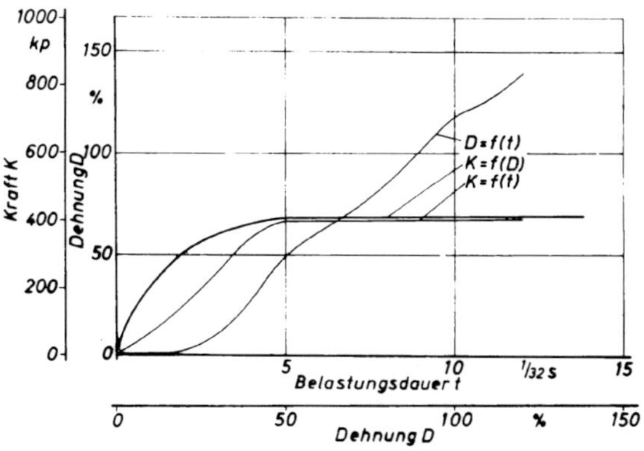

Bild 10. *K-D*-Diagramm sowie Kraft-Zeit- und Weg-Zeit-Verlauf des Gurtes bei dynamischer Prüfung mit konstanter Dehngeschwindigkeit.
Anfangsgeschwindigkeit $v_A = 3{,}8$ m/s

Kraft nimmt die Dehnung bis auf 138% zu. Dann erfolgt der Bruch. Die gesamte vom Gurt bis zum Bruch aufgenommene Arbeit beträgt 505 kpm pro m Gurt. Ein Nachteil dieses Prüfverfahrens ist es, daß der Gurt zu Bruch kommt und die bleibenden und elastischen Arbeitsanteile nicht voneinander zu trennen sind. Der Vorteil liegt darin, daß die Ergebnisse hinsichtlich des zeitlichen Verlaufes der Dehnung mit den quasistatischen der üblichen Prüfgeräte vergleichbar sind.

Eine Einschätzung dieser Versuchswerte erfolgt zusammen mit den Ergebnissen aus der Prüfung bei abnehmender Dehngeschwindigkeit (Abschnitt 6).

5.2 Dynamische Prüfung mit abnehmender Dehngeschwindigkeit

Bei dieser Prüfart soll eine abzubremsende Masse zum Stillstand gebracht werden. Nach Gleichung (5) muß dann der Ausdruck

$$\frac{2 \cdot A_G}{m} \geqq V_A^2$$

sein, damit $V_E^2 = 0$ wird. Setzt man gleiches Arbeitsvermögen der Probe voraus, so ist zur Belastung des Gurtes eine wesentlich geringere Masse als beim Versuch mit konstanter Dehngeschwindigkeit erforderlich. Sie wird zweckmäßigerweise mit 75 kg gleich der mittleren Masse eines erwachsenen Menschen gewählt. Der Gurt soll bei der Prüfung nicht nur zu einem geringen Teile, sondern bis fast zum Bruch belastet sein, um annähernd sein gesamtes Arbeitsvermögen auch unter diesen Prüfbedingungen kennenzulernen. Diesen Forderungen ist auf einfachem Wege mit dem freien Fall der Masse nachzukommen, die durch den Gurt abgebremst wird. Mit der leicht veränderlichen Fallhöhe wird die kinetische Energie der Masse dem Arbeitsaufnahmevermögen des Gurtes angepaßt. Es besteht auch die Möglichkeit, etwas höhere Anfangs-Belastungsgeschwindigkeiten zu verwenden.

Im freien Fall einer Masse von 75 kg ist die Anfangsgeschwindigkeit — überschläglich berechnet — mehr als doppelt so hoch wie die beim Zugversuch mit dem Fahrzeug erreichte:

$$\text{Fallhöhe } h = \frac{A_G}{m \cdot g} = \text{rd. } \frac{500}{75} = 6{,}7 \text{ m},$$

$$v_A = \sqrt{2g \cdot h} = \sqrt{2g \cdot 6{,}7} = 11{,}5 \text{ m/s} = 41{,}5 \text{ km/h}.$$

Durch genaue Anpassung der Fallarbeit an das Arbeitsaufnahmevermögen des Gurtes ist es nunmehr möglich, den Bruch desselben zu vermeiden, um aus dem geschlossenen *K-D*-Diagramm die Anteile der bleibenden und der elastischen Arbeit an der Gesamtarbeit ermitteln zu können.

Die auf dem freien Fall basierenden Versuche wurden in folgender Weise improvisiert:

Versuchsanordnung

Die einfachste Lösung fand sich in der Benutzung eines über vier Gebäudegeschosse reichenden Fahrstuhlschachtes. Bild 11 stellt eine Skizze der Versuchsanordnung dar. Durch Handsteuerung war es möglich, den Fahrstuhlboden in jeder gewünschten Höhenlage zum Stillstand zu bringen. An den Doppel-*T*-Trägern des Bodens wurden zwei Aufhängevorrichtungen angeschraubt. An der rechten Vorrichtung war das bereits oben beschriebene Kraftmeßglied befestigt, von dem ein Stahlseil zum Gurt führte. Als Koppelglieder

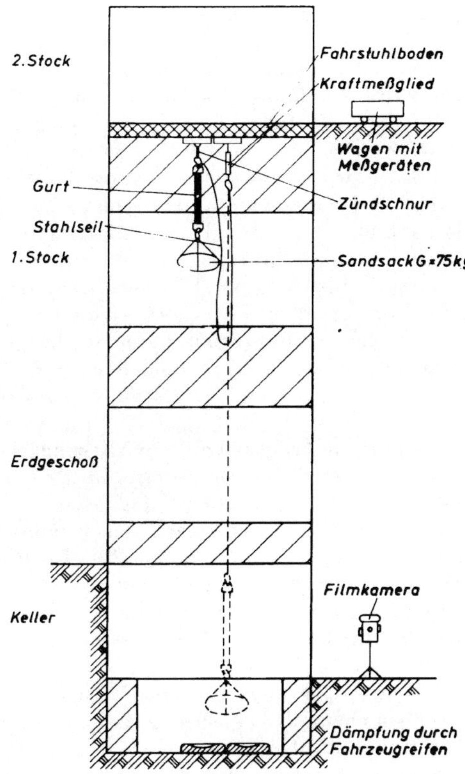

Bild 11. Skizze der Versuchsanordnung zur dynamischen Prüfung des Gurtes bei abnehmender Dehngeschwindigkeit

fanden wiederum Karabinerhaken und die Zugbügel Verwendung. Das Gurtstück wurde durch einen Sandsack ($G = 75$ kp) belastet und mittels Polyamid-Cordseide („Zündschnur") mit der linken Aufhängevorrichtung verbunden. Die „Zündschnur" wurde mit einem Wolfram-Widerstandsdraht umschlungen, der — von einer Batterie gespeist — zum Erhitzen gebracht werden konnte, so daß die Schnur durchschmolz. Der Sandsack fiel dann im freien Fall so lange, bis sich das Stahlseil straffte und die Abbremsung unter Verlängerung des Gurtstückes einsetzte. Dieser Vorgang konnte im Kellergeschoß bei geöffneter Fahrstuhltür durch die Filmkamera fotografisch festgehalten werden.

Meßeinrichtungen

Der Kraftgeber und die Filmkamera hatten sich bei den früheren Versuchen gut bewährt und wurden deshalb auch für diese Prüfungen wieder verwendet.

Versuchsergebnisse

Bild 12 zeigt den Kraft-Zeit-Verlauf eines solchen Versuches mit abnehmender Dehngeschwindigkeit auf dem Schleifenoszillogramm. Auffällig sind die sehr starken Schwankungen des Meßwertes. Vermutlich haben diese starken Schwankungen wieder ihre Ursache in Schwingungen des Stahlseiles, die von Schwingungen des gesamten Fahrstuhlkorbes überlagert wurden. Dieser ist bekanntlich nicht starr befestigt, sondern an mehreren starken Stahlseilen aufgehängt. Derartige Schwingungen sind jedoch besonders bei den hohen Belastungsgeschwindigkeiten — auch mit anderen ähnlichen Prüfeinrichtungen — nicht vermeidbar. Soweit sie genau gemittelt werden, beeinträchtigen sie die Aussagekraft des Diagrammes nicht. Aus dem mittleren Diagrammverlauf ist folgendes zu erkennen: Das Fließen des Gurtes setzt erst bei ca. 600 kp ein; die Kraft bleibt danach über den größten Teil der Belastungsdauer konstant (Plateau). Da der Gurt nicht zum Bruch kam, setzte eine etwa beim Zeitintervall 11 beginnende elastische Rückwirkung ein, d. h. der Sandsack federte um den gespeicherten elastischen Arbeitsanteil zurück. Die Kraft sank langsam auf Null ab. Der Prüfvorgang dauerte ca. 0,35 s. Ebenso wie der Kraftverlauf wurde auch der Verlauf der Gurtverlängerung (bereits auf die Ausgangslänge des Prüfstückes bezogen und in prozentualer Dehnung ausgedrückt) über der Zeit im Diagramm Bild 13 als schwach ausgezogene Kurve aufgezeichnet. Was bereits der Kraftverlauf zeigte, bestätigt nochmals der Dehnungsverlauf. Beim Zeitintervall 11 nimmt die Dehnung wieder ab; die am Gurt angehängte Masse federt zurück. Da der Gurt nicht zum Bruch kam, konnte das K-D-Diagramm in geschlossener Form konstruiert werden. Die Gesamtarbeitsfläche entspricht einer Arbeitsaufnahme des Gurtes von 408 kpm/m. Erwartungsgemäß ist dieser Wert, da der Gurt nicht bis zum Bruch belastet wurde, kleiner als der früher bei konstanter Belastungsgeschwindigkeit ermittelte Wert von

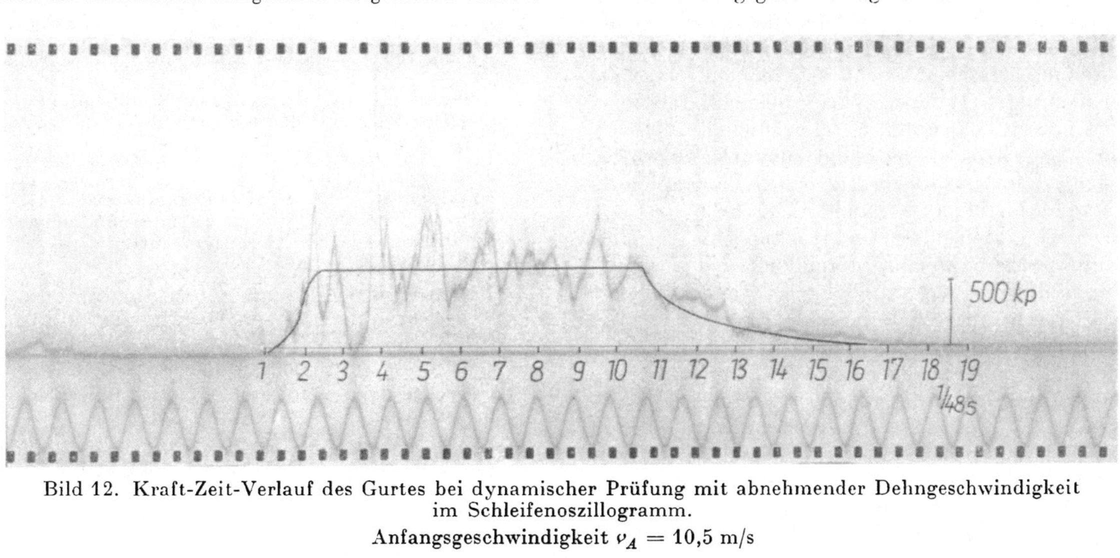

Bild 12. Kraft-Zeit-Verlauf des Gurtes bei dynamischer Prüfung mit abnehmender Dehngeschwindigkeit im Schleifenoszillogramm.
Anfangsgeschwindigkeit $v_A = 10{,}5$ m/s

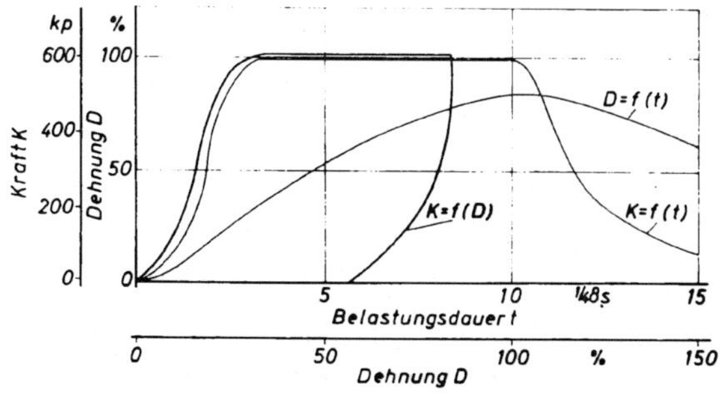

Bild 13. *K-D*-Diagramm sowie Kraft-Zeit- und Weg-Zeit-Verlauf des Gurtes bei dynamischer Prüfung mit abnehmender Dehngeschwindigkeit. Anfangsgeschwindigkeit v_A = 10,5 m/s

505 kpm/m. Interessant sind hier besonders die Größenanteile der bleibenden und der elastischen Arbeit: Der bleibende Anteil beträgt 372 kpm/m, der elastische Anteil 36 kpm/m, d. h. der elastische Anteil macht nur rund 9% der Gesamtarbeitsaufnahme aus. Das ist im Hinblick auf den vorgesehenen Zweck als sehr gut zu bezeichnen.

6 Zusammenfassende Diskussion der Versuchsergebnisse

Erwartungsgemäß ist die *K-D*-Linie des Gurtes gegenüber der des Fadens hinsichtlich der Dehnung nach höheren Werten hin verschoben; wie sich im statischen Zugversuch zeigte, tritt der den Fließbeginn kennzeichnende Knick der *K-D*-Linie beim Gurt erst bei Dehnungen zwischen 30 und 40% ein. Gleiche Dehnungswerte gelten für den Fließbeginn bei rascherer Belastung, sowohl mit konstanter als auch mit abnehmender Dehngeschwindigkeit. Hier setzt bei Dehnung des Gurtes auf 30 bis 40% eine rein plastische Dehnung ein, die im statischen Versuch nicht zu beobachten war.

Sowohl beim Zugversuch mit konstanter Geschwindigkeit (Prüfdauer bis zum Bruch 0,4 s; Dehngeschwindigkeit 345 %/s) als auch beim Fallversuch (Prüfdauer bis zu einer Dehnung von 80% 0,2 s; durchschnittliche Dehngeschwindigkeit 365%/s) ist die Kraft vom Beginn des Fließens bis zum Bruch konstant.

Sichere Unterschiede zwischen den verschiedenen Belastungsarten bzw. Dehngeschwindigkeiten im Beginn der Fließ-Dehnung und der Bruchdehnung waren aus den bisherigen Messungen nicht zu ermitteln. Dagegen fällt der niedrige Wert der Fließkraft beim dynamischen Zugversuch mit konstanter Geschwindigkeit (400 kp) gegenüber der Fließkraft im Fallversuch (600 kp) sowie der Bruchlast im statischen Zugversuch (600 kp) auf. Dieser Unterschied kann vorläufig nicht erklärt werden und erfordert eingehendere Untersuchungen. Wie eine Nachprüfung ergab, können Störeinflüsse bei der Versuchsdurchführung und Streuungen der Ergebnisse nicht als Ursache angesehen werden.

Mit einem Meter des Versuchsgurtes ASG 28, der ein Arbeitsaufnahmevermögen von rd. 500 kpm aufweist, sind theoretisch 70 kg bis zu einer Anfangsgeschwindigkeit von 40 km/h sicher bis zum Stillstand abzubremsen. Es tritt natürlich im Hinblick auf die spätere Verwendung dieses Gurtes oder ähnlich ausgelegter Gurte im Personenkraftwagen die Frage auf, ob einer Ausnutzung der Dehnbarkeit des Materials die vom Fahrzeugtyp vorgegebene zulässige Verlängerung nicht entgegen steht. Die zulässige Verlängerung wird von der Geometrie der Sicherheitsgurt-Aufhängung und der Wagenklasse bestimmt. Es ist zu erwarten, daß sich der Gurt beim Unfall nicht in allen Teilen gleichmäßig längt, sondern bevorzugt in seinen frei gespannten Teilen. Dort, wo er auf der Kleidung des Wageninsassen anliegt, besteht eine starke Haftreibung, die die Kraft — und entsprechend auch die Dehnung — im Gurt mindern wird. Für größere Wagen, die eine Gurtverlängerung bis zu etwa 1 m gestatten, ist eine Eignung des vorliegenden Materiales schon jetzt festzustellen. Für kleinere Fahrzeuge kann die Frage erst nach Versuchen mit Fahrzeugmodellen und Testpuppen auf einem Schleuderprüfstand beantwortet werden.

Eine oft diskutierte Frage betrifft die Alterungsbeständigkeit teilverstreckter Polyamid-Cordseide. Es wurde verschiedenerseits befürchtet, daß das Material nach längerem Lagern sich nicht mehr im gewünschten Maße ausstrecken läßt. *Nosov* und *Bendina* [6] führten Untersuchungen über eine Lagerungszeit von 100 Tagen an Kapronfäden durch und fanden keine Verminderung der Verstreckbarkeit. Eigene Wiederholungsprüfungen an einem ein Jahr lang unter normalen raumklimatischen Bedingungen gelagerten Versuchsgurt im Fallversuch ergaben ebenfalls keinerlei veränderte Materialeigenschaften. Ob darüber hinaus noch Veränderungen eintreten werden, ist weiter zu beobachten.

Für die Unterstützung dieser Arbeiten sei an dieser Stelle dem Institut für Faserstoff-Forschung Teltow-Seehof der DAW, der Bandweberei J. G. Schurig, Großröhrsdorf, und der F/E-Stelle für Gerätebau der VVB Konfektion im VEB Bekleidungswerk Seifhennersdorf/OL. herzlich gedankt.

Ganz besonders ist auch einer Reihe von Mitarbeitern aus dem Institut für Technologie der Fasern zu danken, die an der Durchführung der Versuche und ihrer Auswertung beteiligt waren. Es sind dies die Herren Dipl.-Ing. *Höhne*, Dipl.-Ing. *Rothe*, Dipl.-Ing. *Hofmann*, Dipl.-Ing. *Beyreuther*, *Gocke* und *Reiß*.

Literatur

[1] *Hensch, K.*, Textile Eigenschaften von Sicherheitsgurten und ihre Prüfmethoden, Z. ges. Textilind. **65** (1963) S. 448—453.

[2] *Richard, K.*, Stoßfestigkeit und Stoßdehnung thermoplastischer Kunststoffe. Kunststoffe **51** (1961) S. 645 bis 654.

[3] *v. Ardenne, M.*, und *Panzer, S.*, Untersuchungen zum Unfallschutz von Kraftfahrzeuginsassen. II. Mitt. Sicherheitsgurt mit großem Energieaufnahmevermögen für die Insassen von Kraftfahrzeugen. Kraftfahrzeugtechnik (1962) S. 120—124.

[4] *Eberan-Eberhorst, R.*, und *Linzer, V.*, Zur Theorie des Sicherheitsgurtes. Automobiltechn. Z., Stuttgart **64** (1962) S. 349—352.

[5] *Keil, E.*, und *Werner, H.*, Sicherheitsgurte für Kraftfahrzeuge. Automobiltechn. Z., Stuttgart **64** (1962) S. 149—152.

[6] *Nosov, M. P.*, und *Bendina, L. N.*, Der Einfluß der Lagerungszeit auf die Verstreckung und Eigenschaften von Capronfäden. Chim. Volokna (Chem. Fasern) **4** (1962) 4, S. 71—73.

Eingegangen am 26. September 1963

Faserforschung und Textiltechnik 15 (1964) Heft 4

Beobachtungen zu den Formeln von Grosberg und Giesekus zur Verzugstheorie

G. P. de Beer
Südafrikanisches Wollforschungs-Institut, Grahamstown

DK 677.022.71.001.11

Grosberg gab eine Beziehung zwischen bestimmten Werten der Längenvariationskurve des Garns und den *Huberty*schen K-Koeffizienten der durchlaufenen Verzugsstufen. *Giesekus* modifizierte und vereinfachte die Formel von *Grosberg*. Zwei Experimente wurden durchgeführt um zu prüfen, wie genau diese theoretisch abgeleiteten Beziehungen in der Praxis erfüllt sind.

Экспериментальная проверка формул Гросберга и Гизекуса для теории вытяжки

Гросбергом выведена зависимость между определенными величинами коэффициента вариации по тонине пряжи с учетом длины испытуемой пробы, с одной стороны, и вычисленными *Хуберти* коэффициентами *К* для различной степени вытяжки, с другой стороны. Формула *Гросберга* была модифицирована и упрощена *Гизекусом*. Было проведено два опыта для проверки совпадения этих теоретически выведенных зависимостей с практическими данными.

Observations on the Formulae from Grosberg's and Giesekus' Drafting Theories

Grosberg presented a relation between spezific values of the variance length curve of a yarn and *Huberty's* K-coefficients of the preceding drafting stages. *Giesekus* modified and simplified the formula of *Grosberg*. Two experiments were carried out in order to examine to which degree these theoretically derived relations are valid in practice.

Die Längenvariationskurve $B(L)$ wird oft verwendet, um die Ungleichmäßigkeit eines Garns zu beschreiben. $B(L)$ gibt die standardisierte Varianz des Gewichts eines Garns von Länge L. (Die standardisierte Varianz ist das Quadrat des Variationskoeffizienten. Manchmal wird auch der Variationskoeffizient als solcher — Standardabweichung/Mittelwert — an ihrer Stelle verwendet.) *Grosberg* [1] untersuchte, wie die einzelnen Verzugsstufen die Form dieser Funktion beeinflussen.

Man verwendet für die Charakterisierung der Ungleichmäßigkeit eines Garns (oder Bandes) den *Huberty*schen Koeffizienten

$$K = \frac{B(0)}{B(0)_{\text{ideal}}}, \tag{1}$$

wobei $B(0) = \lim_{L \to 0} B(L)$ und $B(L)_{\text{ideal}}$ die Längenvariationskurve des entsprechenden „idealen Garns" ist. (Zufällige Verteilung der Faserendpunkte). Nach *Martindale* [2] gilt

$$B(0)_{\text{ideal}} = \frac{n}{1 + 4\,V_d^2}, \tag{2}$$

wobei n die mittlere Zahl von Fasern im Bandquerschnitt und V_d der Variationskoeffizient der Verteilung der Faserdurchmesser ist.

Grosberg verwendet diesen K-Koeffizient, allerdings mit n an Stelle von $B(0)_{\text{ideal}}$; er vernachlässigt also die Korrektur für variablen Durchmesser. Er leitet eine theoretische Beziehung zwischen den K-Werten der Bänder in den Verzugsstufen und der Längenvariationskurve des fertigen Garns ab. Für eine gegebene Stufe setzt *Grosberg* die Varianz von Stükken der Länge Dl des austretenden Materials gleich dem Quotient von $B(0)$ (Varianz des eingeführten Materials) und W (Zahl der eingeführten Bänder) — plus einer Größe $C(Dl)$. Hierbei ist l der längenbezogene Mittelwert der Faserlänge und D die Verzugskonstante. Die Größe $C(Dl)$ beschreibt den Teil der Varianz, der durch die Abweichung des Verzugs vom idealen Verzug (reine Streckung) erzeugt wird. *Grosberg* erhält, wenn der Index e das eingeführte und der Index a das austretende Material kennzeichnet,

$$B_a\,(Dl) = \frac{K_e}{n_a D} + C(Dl), \tag{3}$$

wobei $C(Dl)$ dann durch

$$C(Dl) = \frac{K_a - 1}{n_a D} \tag{4}$$

gegeben ist. Wiederholte Anwendung von (3) unter Substitution von (4) liefert dann

$$n_0 D_1 D_2 \cdots\cdots D_r B_0 (D_1 D_2 \cdots\cdots D_r l) = K_r + \sum_{\nu=0}^{r-1} (K_\nu - 1). \tag{5}$$

(Die Indices verweisen jetzt auf die einzelnen Verzugsstufen. Die Stufen sind von r abwärts numeriert, das Spinnen ist Stufe 1. Die Indices von n, B und K verweisen auf das in die entsprechende Stufe *eintretende* Material; B_0 ist z. B. die Längenvariationskurve des fertigen Garns.)

Giesekus [3] erhält in einer theoretischen Arbeit ein ähnliches Resultat. Er wendet seine Theorie über die Erzeugung morphologisch homogener Funktionen durch statistische Superposition von Elementfunktionen [4] auf das Problem der Garnungleichmäßigkeit an und studiert dabei auch den Verzugsprozeß. Er erhält eine Formel ([3], Seite 368, Gleichung 83) die genau analog zu (5) ist, nur an Stelle der Summe auf der rechten Seite erhält er eine Summe von Integralen. Er schlägt vor, dieses Zusatzglied in erster Näherung zu vernachlässigen und erhält so die modifizierte *Grosberg*-Formel oder *Giesekus*-Formel:

$$n_0 D_1 D_2 \cdots\cdots D_r B_0 \,(D_1 D_2 \cdots\cdots D_r l) = K_r. \tag{6}$$

Es wurden zwei Experimente durchgeführt, die klären sollten, wie gut die Annäherung von *Giesekus* ist.

Experimentelle Methode

Die Untersuchungen wurden an Stichproben durchgeführt, die von einer Gruppe französischer Strecken während der normalen Produktion einer Spinnerei genommen wurden. Ein Teil des aus der r-ten Stufe austretenden Materials wurde als Probe des in die $(r-1)$-te Stufe eingeführten Materials behalten, ein anderer Teil wurde in der $(r-1)$-ten Stufe verzogen. In gleicher Art wurde von dem aus der $(r-1)$-ten Stufe austretenden Material wieder eine Probe genommen und ein anderer Teil des Materials wurde verzogen. Weil nach jeder weiteren Verzugsstufe für eine Probe der gewünschten Länge, und auch für den weiteren Verzug, weniger Material gebraucht wird, war es möglich, diese Methode durch den ganzen Prozeß hindurch zu verfolgen.

Huberty's K-Werte wurden nach (1) und (2) bestimmt mit

$$n = \frac{4M \times 10^6}{\varrho\,\pi\,d^2\,(1 + V_d^2)}, \tag{7}$$

wobei $\varrho = 1{,}31$ g/cm³ die Dichte der Wolle bei 65% relativer Feuchtigkeit [5], M [g/m] das Gewicht pro Meter des Bandes, und d [μm] der längenbezogene Mittelwert des Faserdurchmessers ist. Zur Bestimmung von d und V_d wurden die Durchmesser von Fasern in

Tabelle 1. Angaben über Verzug und Stichproben

Stufe	Verzug	Dublierung	Bandgewicht	Zahl der zur Bestimmung von $B(0)$ verwendeten Stichproben
		Experiment 1		
1 (Spinnen)	10,33	1	0,030 (Garn)	4
2	3,81	2	0,31	4
3	4,00	2	0,59	4
4	6,51	2	1,18	4
5	10,73	3	3,81	4
			13,71	
		Experiment 2		
1 (Spinnen)	8,6	1	0,072 (Garn)	16
2	3,9	2	0,63	8
3	6,0	2	1,20	6
4	10,4	3	3,74	4
			13,18	

einer Stichprobe (die aus Fasern von allen verwendeten Bändern zusammengesetzt war) unter dem Projektionsmikroskop gemessen. Das Quadrat der Ablesung eines Uster Integrators, Modell Q-103, wurde als $B(0)$ verwendet. Es wurde für jede Probe nach jeweils 5 min Auswertungszeit abgelesen. Es war genügend Material für mindestens zwei Ablesungen pro Probe vorhanden. Die Bänder und Garne liefen dabei mit einer Geschwindigkeit von 8 m/min durch das Gerät. Die Anzahl der zur Bestimmung von $B(0)$ verwendeten Proben ist in Tabelle 1 angegeben.

Zur Schätzung von l, der längenbezogenen Durchschnittslänge der Fasern, $(l = \bar{l}\,(1 + V_l^2))$ wurden Mittelwert $\bar{l}$ und Variationskoeffizient V_l der numerischen Längenverteilung einer Stichprobe bestimmt. Die Probe bestand wieder aus Fasern aus allen Bändern, die Messungen wurden auf einem WIRA-Längengerät ausgeführt (Tabelle 2). Für n_0 in (5) und (6) wurde — wie *Giesekus* vorschlägt — der Wert von $B(0)_{\text{ideal}}$ des fertigen Garns verwendet. Die Verzugskonstanten D wurden aus den Gewichten der eingeführten und austretenden Bänder geschätzt.

Die Längenvariationskurve des fertigen Garns wurde durch die Schneide- und Wiegemethode von *Grosberg* und *Palmer* [6] bestimmt. Es wurde genau ihr Verfahren verwendet, so wie in den Tabellen 1 und 2 ihrer

Tabelle 2. Fasereigenschaften

	d [μm]	V_d [%]	$\bar{l}$ [cm]	V_l [%]	l [cm]
Exp. 1	22,57	25,64	6,99	44,40	8,36
Exp. 2	27,82	27,04	7,36	49,16	9,14

Tabelle 3. Beobachtete und vorausgesagte K-Werte

	Beobachtete Werte	Vorausgesagt nach *Grosberg*	Vorausgesagt nach *Giesekus*
	Experiment 1		
K_1	2,11	2,20	2,59
K_2	3,13	3,02	4,62
K_3	4,37	2,36	5,98
K_4	7,59	5,35	10,32
	Experiment 2		
K_1	1,96	1,76	2,38
K_2	2,64	2,22	3,60
K_3	3,17	3,26	5,86
K_4	10,95	10,33	15,19

Arbeit beschrieben, nur mit anderen Kombinationen der Längen. Für beide Experimente wurden insgesamt je 16 Spulen für diese Bestimmung verwendet. Die beobachteten Funktionen $100\,\sqrt{B(L)} = 100\,VK(L)$ [%] sind, zusammen mit den mittleren Fehlern, in Bild 1 und 2 gegeben. Für die Abschätzung der Fehler wurde die statistische Abhängigkeit zwischen aufeinanderfolgenden Stücken vernachlässigt; dann ist die Varianz von $B(L)$ gleich $B(L)/2m$, wobei m die Anzahl der zur Bestimmung von $B(L)$ verwendeten Stücke der Länge L ist. (Wo Korrekturen der Art $B^2(x, y) = B^2(x, z) + B^2(z, y)$ notwendig waren — siehe [6] für die Definition von $B(x, y)$ — wurde davon ausgegangen, daß $Var\,(B^2(x, y)) = Var\,(B^2(x, z)) + Var\,(B^2(z, x))$).

Die Funktionen 100 $VK(L)$, die man nach *Grosbergs* oder *Giesekus'* Formel (5) und (6) aus den K-Werten der Verzugsstufen voraussagen würde, sind ebenfalls in die Bilder 1 und 2 eingezeichnet. (Da diese Funktion ja nur für bestimmte Werte von L vorausgesagt werden kann, mußte natürlich interpoliert werden). Die Fehler für diese vorausgesagten Werte wurden aus den Fehlern in der Bestimmung der Faser- und Bandeigenschaften

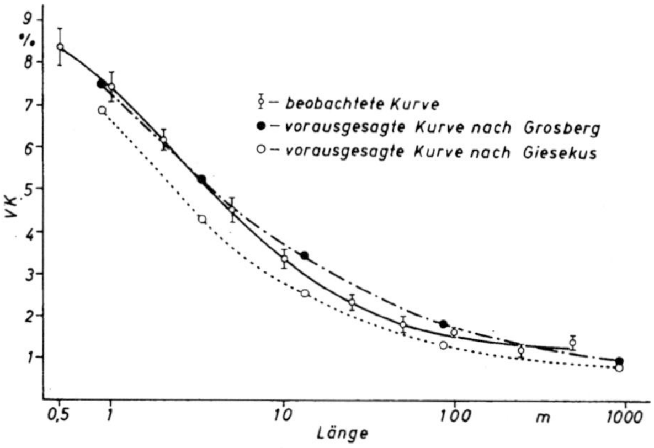

Bild 1. Erstes Experiment. Beobachtete und vorausgesagte Längenvariationskurve.

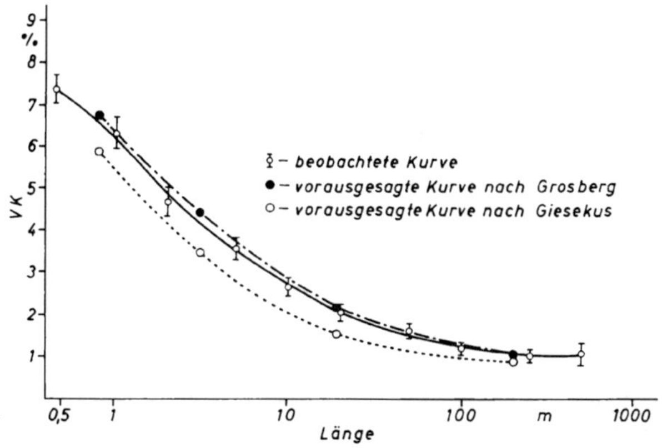

Bild 2. Zweites Experiment. Beobachtete und vorausgesagte Längenvariationskurve.

berechnet. Die mittleren Fehler für die von *Grosberg* vorausgesagte Kurve im ersten Experiment (Bild 1) waren: 0,15 für D_1, 0,10 für D_1D_2, 0,34 für $D_1 \cdots D_3$, 0,12 für $D_1 \cdots D_4$, und 0,76 für $D_1 \cdots D_5$. Die Fehler in der nach *Giesekus* vorausgesagten Funktion im ersten Experiment und in beiden vorausgesagten Funktionen im zweiten Experiment sind kleiner.

Man kann auch aus den Formeln (5) und (6) von den gegebenen Längenvariationskurven auf die K-Werte der Verzugsstufen schließen. Einen Vergleich der so erwarteten K-Werte mit den tatsächlich beobachteten erlaubt Tabelle 3.

Diskussion

Für beide Experimente stimmt die nach *Grosberg* vorausgesagte Längenvariationskurve genauer mit der beobachteten Kurve des Garns überein, als die nach *Giesekus* vorausgesagte. *Giesekus*' Annäherung ist aber in beiden Fällen auch recht gut. Die hier untersuchten Garne haben normale, gute Ungleichmäßigkeit. Weitere Beobachtungen an fehlerhaften Garnen scheinen notwendig zu sein, bevor man ein Urteil fällen kann, ob die Annäherung in den praktisch interessanten Fällen gut genug ist.

Ich danke Dr. *H. Linhart* für sein Interesse an dieser Arbeit und für wertvolle Diskussionen.

Literatur

[1] *Grosberg, P.*, The medium and long-term variations of a yarn. J. Textile Inst. **46** (1955) S. T 301.
[2] *Martindale, J. G.*, A new method of measuring the irregularity of yarns . . . J. Textile Inst. **36** (1945) S. T 35.
[3] *Giesekus, H.*, Die statistische Analyse der Garn- und Fadenungleichmäßigkeit. Faserforsch. u. Textiltechn. **10** (1959) Teil I — S. 275 und 338, Teil II — S. 359 und 420.
[4] *Giesekus, H.*, Morphologisch homogene Funktionen und ihre Erzeugung durch statistische Superposition von Elementfunktionen. Z. angew. Math. Mech. **30** (1950) S. 154 und 215.
[5] Wool Research, Vol. 2. Physical properties of wool fibres and fabrics. W. I. R. A., Leeds 1955, S. 205 und 206.
[6] *Grosberg, P.*, und *Palmer, R. C.*, On the determination of the B—L curve by cutting and weighing. J. Textile Inst. **45** (1954) S. T 291.

Eingegangen am 5. Oktober 1963

II. Chemiefaser-Symposium

Die Chemische Gesellschaft in der Deutschen Demokratischen Republik veranstaltet gemeinsam mit dem Institut für Faserstoff-Forschung der Deutschen Akademie der Wissenschaften zu Berlin, Teltow-Seehof, im Frühjahr 1965 (voraussichtlich in der zweiten Märzhälfte) in Berlin oder Weimar das *II. Chemiefaser-Symposium.* In etwa 20 Vorträgen werden im Verlaufe von 4 Tagen neue Ergebnisse der Chemiefaserforschung behandelt. Das vorläufige Programm umfaßt folgende Vorträge:

1. Tag

P. Schlack, Reutlingen-Stuttgart
Thema wird noch benannt

H. Zimmermann, Teltow-Seehof
Reaktionsmechanismen in Polyäthylenterephthalatschmelzen

H. Hopff, Zürich
Über Polyamide aus heterocyclischen Dicarbonsäuren

F. Geleji, Budapest
Ergebnisse bei der Faserbildung aus Polypropylen und modifiziertem Polypropylen

Mitarbeiter des Forschungsinstituts für Chemiefasern, Svit
Studium einiger struktureller Veränderungen von Polypropylenfasern beim Spinnvorgang und bei der Deformation in einer Richtung

2. Tag

W. Bobeth, Dresden
Glasseidenforschung

N. V. Michajlov, Moskau
Struktur und Festigkeit von Chemiefasern

R. Hosemann, Berlin
Parakristalline Fibrillärstruktur von in verschiedener Weise verstrecktem und getempertem Polyäthylen

Ch. Ruscher, Teltow-Seehof
Der Lösungszustand von Hochpolymeren

A. B. Pakšver, Moskau
Molekularstruktur chemischer Fasern

H. Dolmetsch, Reutlingen-Stuttgart
Über das regelmäßige Auftreten querlaufender Strukturordnungen in längsorientierten Strängen pflanzlicher, tierischer, mineralischer und synthetischer Herkunft

B. Philipp, Teltow-Seehof
Physiko-chemische Untersuchungen zum übermolekularen Bau hochfester Celluloseregeneratfasern

3. Tag

Mitarbeiter des Instituts für Kunst- und Synthesefasern, Łódź
Untersuchung der Strukturveränderungen der Cellulose im Viskoseprozeß mit Hilfe von Deuteronenaustausch und UR-Spektren

A. Gröbe, Teltow-Seehof
Möglichkeiten der Strukturbildung von Celluloseregeneratfasern

G. Centola, Mailand
Lösungsverlauf, übermolekularer Bau und textile Eigenschaften von Celluloseregeneratfäden

Mitarbeiter des Forschungsinstituts für Chemiefasern, Svit
Beitrag zur Bildung von Viskosefasern

Z. A. Rogovin, Moskau
Über einige neue Richtungen bei der Entwicklung der modernen Cellulosechemie

C. Simionescu, Jassy
Einige Ergebnisse der Pfropfung von Cellulose und Cellulosederivate mit Vinylmonomeren

J. Kaeding, Berlin
Betriebswasserwirtschaft und Abwasserbehandlung in Chemiefaserbetrieben

4. Tag

W. Voss, Wolfen
Die Celluloseregeneratfaserindustrie und das Wasser

E. Treiber, Stockholm
Charakterisierung von Viskose-Zellstoffen und Viskoselösungen

J. Schurz, Graz
Neuere Untersuchungen über den Lösungszustand von Celluloselösungen

H. Sihtola, Helsinki
Durch Wärmebehandlung verursachte chemische Reaktionen von Cellulose und Regeneratfasern

H. Böhringer, Rudolstadt
Die Gütedominanten der Chemiefaserstoffe und ihre Prüfmethoden

G. v. Hornuff, Dresden
Studien von Hydrophobierungserscheinungen bei Färbungen

Nähere Auskunft erteilt das Institut für Faserstoff-Forschung der Deutschen Akademie der Wissenschaften zu Berlin, Teltow-Seehof, Kantstr. 55

Ermittlung der Filzfähigkeit von Kammzug und loser Wolle

Christine Kratzsch, Hans-Joachim Riehl und *Hermann Tröller*
Forschungsinstitut für Textiltechnologie, Karl-Marx-Stadt

DK 677.31:677.63:677.021:677.862.551

Angeregt durch einen Bericht über ein Gerät zur Ermittlung der Filzfähigkeit loser Wolle, das auf dem Prinzip des dreidimensionalen Schüttelns von Wollproben in wäßriger Lösung beruht, wurde eine Schüttelmaschine gebaut. Es wird über die Erprobung dieses Gerätes zur Ermittlung der Filzfähigkeit von loser Wolle und Kammzug, über den Einfluß verschiedener Faktoren auf das Meßergebnis und über Versuche zur Verbesserung der Auswertung berichtet.

Определение способности гребенной ленты и необработанной шерсти к свойлачиванию

На основании описания прибора для определения способности необработанной шерсти к свойлачиванию, основанном на принципе трехмерного встряхивания шерстяных образцов с водой, была сконструирована специальная болталка. В статье приводятся данные об испытании этого прибора для определения способности гребенной ленты и необработанной шерсти к свойлачиванию и о влиянии различных факторов на результаты определения, причем была сделана попытка улучшить обработку полученных результатов.

Determination of the Felting Power of Worsted Slubbing and Loose Wool

Initiated by a report on a device for the determination of felting power of loose wool by three dimensional shaking of wool samples in aquous solution, a shaking machine has been constructed. The testing of this measuring device for the felting power of loose wool and slubbings, the influence of various factors on the obtained results and efforts to ameliorate the evaluation are reported.

1 *Einleitung*

1.1 *Methode*

Für die Wolle verarbeitende Industrie stellt die Filzfähigkeit dieses Materials eine Größe dar, deren Kenntnis von größter Wichtigkeit ist. Deshalb beschäftigen sich viele Autoren mit Methoden zur Messung dieser Wolleigenschaft. Dabei steht an erster Stelle der Waschtest an Gewirken und Geweben [1]. Beurteilt wird meist die Längen- und Breitenänderung des Prüflings.

Zur Feststellung der Filzfähigkeit an Kammzug oder loser Wolle ist diese Methode nicht geeignet, da der Zeitraum bis zur Prüfung an daraus hergestelltem Gewebe oder Gewirke so lang ist, daß eine Prüfung in der genannten Form nur noch rein registrierenden Charakter tragen kann und eine Beeinflussung von Wollverarbeitungsprozessen auf Grundlage der Kenntnis der Filzfähigkeit nicht mehr möglich ist.

Man kann in ähnlicher Weise, wie für Gewirke und Gewebe beschrieben, das Filzvermögen von Wollkammzug und -garn bestimmen durch Messung des Längeneinsprungs von Garnsträngchen bzw. Kammzugabschnitten nach ein- oder mehrmaligem, genau definierten Waschvorgang.

Außer dem Verarbeitungstest auf der Plattenfilzmaschine existierte bisher keine befriedigende Meßmethode für lose Wolle. Diese Schwierigkeit ist heute überwunden.

Bild 1. Schüttelmaschine für den Filztest

1.2 *Apparatur*

Anläßlich der 4. Tagung des Deutschen Wollforschungsinstitutes 1960 in Aachen berichtete Dipl.-Ing. *Blankenburg* über ein neues interessantes Verfahren zur Bewertung des Filzvermögens von loser Wolle und Kammzug. Bei diesem auch in der Literatur besprochenen Filztest [2] wird entsprechend vorbereitete Wolle in geeigneten Gefäßen bei einem bestimmten pH-Wert während einer festgelegten Zeit auf einer Schüttelmaschine spezieller Konstruktion (dreidimensionale Schüttelbewegung) behandelt. Es entstehen Kugeln, deren Durchmesser, ermittelt mit der Schiebelehre, als Maßstab der Filzfähigkeit der Wolle gilt.

Dieses Verfahren erschien uns als aussichtsreich für unsere Zwecke. Wir haben im Institut eine Schüttelmaschine, die auf diesem Prinzip beruht, gebaut (Bild 1). Drei Schüttelkästen, im folgenden als Arbeitsstellen bezeichnet, werden jeweils über eine im Winkel von 45° schräggestellte Scheibe angetrieben, wodurch eine dreidimensionale Bewegung der Kästen erreicht wird. Ein gemeinsamer Keilriemen treibt die drei Scheiben an. Diese Anordung und die genau festgelegte Stellung der Schüttelgefäße in den Kästen ermöglichen die Durchführung des Schütteltestes unter genau definierten und reproduzierbaren Bedingungen. Die Kupplungsstangen zwischen den Antriebscheiben und Arbeitsstellen sind so zu verstellen, daß die Amplitude der Schüttelbewegung (= Hub) theoretisch stufenlos verändert werden kann. Praktisch sind nur drei Hubhöhen notwendig, um unterschiedliche Versuchsbedingungen zu erhalten (Anschluß der Kupplungsstange am Umfang oder Mittelpunkt der Antriebscheibe bzw. in der Mitte des Scheibenradius), da geringere Veränderungen des Hubes keine nennenswerten Unterschiede im Meßergebnis bringen. In Abhängigkeit vom Hub ist die Einstellung der Umlauffrequenz der Antriebscheiben stufenlos bis 250 U/min möglich.

2 *Einflußgrößen*

2.1 *Maschinentechnische Daten*

Hub und Umlauffrequenz beeinflussen das Meßergebnis wesentlich. Eine entsprechende Versuchsreihe zur Ermittlung dieser Einflüsse ist in Bild 2 festgehalten. Als Ergebnis dieser Untersuchungen wurde der größte Hub mit der entsprechend größten Umlauffrequenz (150 U/min) für die weiteren Arbeiten festgelegt.

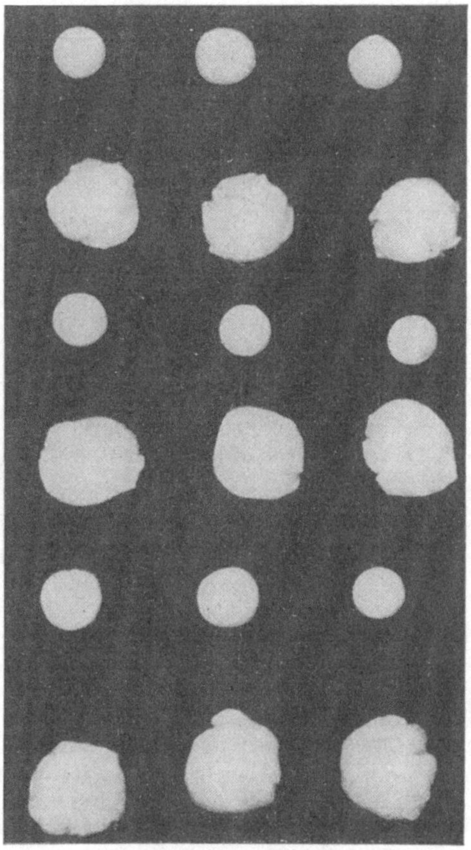

Bild 2. Einfluß von Hub und Umlauffrequenz auf das Meßergebnis

Cap A/AA, pH 3,5, 30 min;
von oben nach unten:

großer	Hub	150 U/min
,,	,,	75 ,,
mittlerer	,,	200 ,,
,,	,,	100 ,,
kleiner	,,	250 ,,
,,	,,	125 ,,

Zwischen den Ergebnissen der drei Arbeitsstellen treten Unterschiede auf, auch wenn man gleiches Material auf jeder der drei Arbeitsstellen unter gleichen Bedingungen schüttelt. Diese sind, das ist statistisch untersucht, nicht maschinenbedingt, sondern auf Schwankungen im Prüfmaterial zurückzuführen. Es wird deshalb von jeder Probe 1 Muster/Arbeitsstelle geschüttelt und der durchschnittliche Durchmesser ermittelt.

Form und Volumen der Schüttelgefäße wirken sich auf das Ergebnis aus. Geeignet sind zylindrische Gefäße, deren Durchmesser zur Höhe das Verhältnis 1:2 nicht überschreitet. In Meßgefäßen, deren Höhe gegenüber dem Durchmesser wesentlich von diesem Verhältnis abweicht, kommt die dreidimensionale Schüttelbewegung nicht mehr zur vollen Wirkung, was unrunde Prüfkörper zur Folge hat. Selbstverständlich müssen die Abmessungen der drei Meßgefäße übereinstimmen. Aus diesem Grunde haben wir drei Wägegläser mit genau übereinstimmenden Maßen, die den oben angeführten Bedingungen entsprechen, ausgewählt, die den Vorteil bieten, daß die Muster während des Untersuchungsverlaufes beobachtet werden können. Die Wägegläser werden jeweils auf derselben Arbeitsstelle eingesetzt. Über den Einfluß der Form der Schüttelgefäße und der Schüttelfrequenz wird auch in dem Artikel von *Blankenburg* [2] referiert.

Tabelle 1. Einfluß des Fettgehaltes auf den Filztest für Kammzug und lose Wolle

Material: gewaschene grobe Wolle mit Grannen;
Fettgehalt Petroläther 3,1%,
Alkohol 1,5%;
großer Hub, 150 U/min, 30 min.

	Kugeldurchmesser [cm]	
	pH 3,5	pH 6,0
Rohwolle	2,45	2,66
extrahierte Wolle	2,45	2,64

2.2 Vorbehandlung des Materials

Hinsichtlich der Vorbereitung des zu prüfenden Materials ist zu beachten, daß Schweißwolle wegen ihres hohen Verschmutzungsgrades nicht geeignet ist. Als Prüfmaterial kommt deshalb nur gewaschene Wolle bzw. Kammzug in Frage. Allerdings ist gewaschene Wolle mitunter leicht verfilzt und erfordert eine Vorauflösung. Kammzug stellt hinsichtlich der Auflockerung ein ideales Material dar, enthält aber neben dem Restfett noch Schmälz- oder Präparationsmittel. Es konnte aber, soweit es sich um Waschwolle bzw. Kammzug handelt, eine Beeinflussung des Meßergebnisses durch unterschiedlichen Fettgehalt nicht festgestellt werden, wie in Tabelle 1 nachgewiesen ist.

Da der Fett- bzw. Schweißgehalt von Rohwolle erheblich höhere Werte annehmen kann und eine Beeinflussung des Prüfergebnisses dadurch zu erwarten ist, empfiehlt es sich, derartiges Material vorher unter definierten Bedingungen möglichst mit einem nichtionogenen Waschmittel (z. B. THM Schkopau W-W) zu waschen.

Zur Einhaltung einheitlicher Versuchsbedingungen ist es außerdem notwendig, das Material gleichmäßig aufzulockern. Dazu eignet sich eine Handkrempel. Auflösung von Hand führt bei allerdings größerem Zeitaufwand zu dem gleichen Ergebnis.

2.3 Einfluß des Bearbeiters

Das Meßergebnis wird vom Bearbeiter wesentlich beeinflußt. Das zeigt Tabelle 2 deutlich. Zwei Bearbeiter haben an dem gleichen Wollmaterial fünfmal den Filztest durchgeführt. Außerdem wurden die Muster

Tabelle 2. Subjektive Einflüsse auf das Prüfergebnis (I)

Material: Cap A/AA;
großer Hub, 150 U/min, pH 3,6, 30 min.
Muster 1 bis 5 vorbereitet und geschüttelt vom Bearbeiter 1,
Muster 6 bis 10 desgl von Bearbeiter 2.

Bearbeiter	Kugeldurchmesser [cm]									
	1	2	3	4	5	6	7	8	9	10
1	2,63	2,66	2,76	2,68	2,71	2,70	2,71	2,71	2,69	2,67
2	2,43	2,42	2,46	2,45	2,46	2,45	2,46	2,45	2,44	2,43

Tabelle 3. Subjektive Einflüsse auf das Prüfergebnis (II)
Material: Cap A/AA;
großer Hub, 150 U/min, pH 3,6, 30 min.

Muster	Kugeldurchmesser [cm] Bearbeiter 1	2	3
1	2,42	2,49	2,48
2	2,46	2,57	2,56
3	2,40	2,56	2,52
4	2,44	2,56	2,52
5	2,49	2,60	2,60
6	2,47	2,62	2,60
7	2,43	2,60	2,54
8	2,46	2,60	2,50
9	2,45	2,61	2,57
10	2,47	2,62	2,61
∅	2,45	2,58	2,55

zum Ausmessen ausgetauscht. Es konnte nachgewiesen werden, daß die Unterschiede in den Ergebnissen nicht aus den subjektiven Abweichungen in der Arbeitsweise der Laboranten bei der Vorbereitung und Durchführung des Filztestes resultieren, sondern ein Ergebnis des Meßverfahrens sind. Wir haben bisher den Durchmesser der Kugeln mit der Schiebelehre ermittelt. Die Abweichungen zwischen den Ergebnissen kommen durch den subjektiv verschiedenen Druck, mit dem das Meßgerät angelegt wird, zustande. Dieser individuelle Unterschied beim Ausmessen der Filzkugeln ist nochmals in Tabelle 3 dargestellt.

Dabei wurden von einem definierten Wollmuster vom Bearbeiter 1 zehn Proben geschüttelt und von den Bearbeitern 1, 2 und 3 ausgemessen. Mit einer zweifachen Streuungszerlegung ließ sich nachweisen, daß wiederum „zwischen den Bearbeitern" statistisch gesicherte Unterschiede auftreten, wogegen die Unterschiede „zwischen den Arbeitsstellen" (rechts, Mitte, links) nicht gesichert waren, so daß die Arbeitsweise des Filztestgerätes als einwandfrei angenommen werden konnte.

Es ist ein großer Nachteil der Messung mit Hilfe der Schiebelehre, daß infolge der geschilderten subjektiven Einflüsse nur die Ergebnisse der Versuche vergleichbar sind, die von demselben Bearbeiter stammen. Auf eine Methode zur Ausschaltung dieser individuellen Einflüsse wird in Abschnitt 4.2 eingegangen.

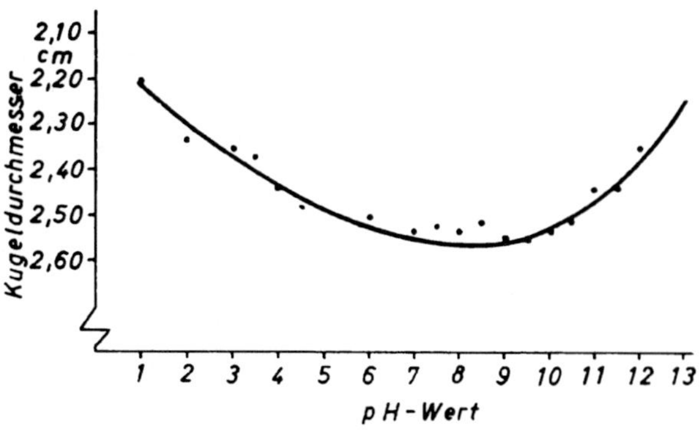

Bild 3. Abhängigkeit des Filzvermögens der Wolle vom pH-Wert der Schüttellösung
Cap A/AA, großer Hub, 150 U/min, 30 min

2.4 Einfluß des pH-Wertes

Bekanntlich ist das Filzverhalten der Wolle eine vom pH-Wert der Schüttellösung abhängige Größe. Die Meinungen über das Filzverhalten der Wolle im pH-Bereich 7 bis 13 gehen noch auseinander. An im Alkalischen fabrikgewaschener Wolle erhielten wir mit Hilfe der Schüttelmaschine den in Bild 3 dargelegten Kurvenzug. Verwendet wurden für diese Versuchsreihe Testal-Standard-pH-Lösungen vom VEB Feinchemie Sebnitz.

Wir haben auf Grund unserer Untersuchungen den pH-Wert von 3,6 (Zitratpuffer) als Basis unserer weiteren Arbeiten festgelegt. Dieser Wert liegt im sauren Bereich günstig zwischen den stark und den weniger filzfördernden pH-Werten. Im übrigen muß der pH-Wert der Schüttellösung der jeweiligen Untersuchung angepaßt werden, wie auch dem Artikel von *Blankenburg* [3] zu entnehmen ist.

2.5 Einfluß der Zeit

Schüttelzeit. Neben den vorher diskutierten Größen interessiert die kürzeste Zeit, in der ausmeßbare Kugeln entstehen. Die Veränderung des Durchmessers verläuft über eine längere Schüttelzeit für die geprüften Wollprovenienzen annähernd parallel. Die Unterschiede treten bereits nach 30 min so deutlich hervor, daß diese Zeit in die Arbeitsvorschrift aufgenommen wurde.

Trockenzeit. An den Schüttelvorgang schließt sich noch die Trocknung der Kugeln an. Es ist am günstigsten, diese bei 110 bis 120 °C 2 h auf Filterpapier im Trockenschrank zu trocknen. Trocknung im Wägegläschen im Trockenschrank und Lufttrocknung nehmen zuviel Zeit in Anspruch. Eine Beeinflussung des Kugeldurchmessers durch die verschiedenen Trockenmethoden konnten wir nicht feststellen.

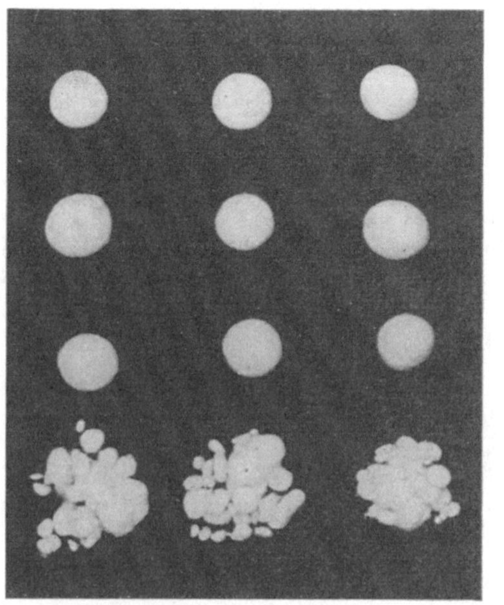

Bild 4. Einfluß des Stapels
Cap A/AA, pH 3,6, 30 min, 150 U/min;
von oben nach unten:
1 × zerschnitten,
3 × „
7 × „
Zerschnitten bis in die Größenordnung von Kämmling.

3 Einfluß des Stapels

Das Filztestgerät liefert einwandfrei ausmeßbare Kugeln bei der Prüfung normalstapeliger Wolle und solange diese keine Behandlung oder Zumischung von solchem Material erfahren hat, die die Filzfähigkeit der Wolle stark vermindern.

Schwierigkeiten mit dem Filztest treten bei der Prüfung kurzstapeligen Materials auf. Dabei entstehen Prüfkörper, die nur aus einem losen Verband verfilzter Kügelchen bestehen und sich dadurch der oben genannten Auswertemethode entziehen. Die Einzelfasern haben nicht mehr die Länge, um einwandfrei einzubinden, obwohl die Kämmlinge durchaus von gut filzendem Material stammen können. Wir haben gefunden, daß die schlechte Auflösbarkeit des Materials keine oder nur eine sehr untergeordnete Rolle spielt. Die Bildung derartiger unmeßbarer Prüfkörper ist lediglich auf die Stapellänge des Kämmlings zurückzuführen. Zur Erhärtung dieser Erkenntnis wurde der im Bild 4 dargestellte Versuch durchgeführt. Ein normalstapeliger Kammzugabschnitt einer gut filzenden Wolle wurde jeweils ein-, drei-, siebenmal und bis in die Größenordnung des Kämmlingstapels zerschnitten und diese Proben geschüttelt.

4 Verbesserung der Auswertemethode

Unter 2.3 haben wir die subjektiven Einflüsse bei der Auswertung des Filztestes dargestellt, durch die das Prüfergebnis verschoben werden kann. Es ist auch berichtet worden, daß sich bei der Einordnung von auf dem Filztestgerät geschüttelten Kämmlingsproben Schwierigkeiten ergeben.

4.1 Wir haben deshalb das in Bild 5 dargestellte *Konsistometer* des VEB Prüfgerätewerk Medingen zum Ausmessen der Kämmlingsproben eingesetzt. Maßstab für die Filzfähigkeit der Wolle ist die Eindringtiefe des Metallkonus in den Prüfling. Um eine Bezugsbasis zur Bewertung dieser Ergebnisse zu erhalten, haben wir außerdem sämtliche untersuchten Muster von mehreren Bearbeitern in der Form beurteilen lassen, daß alle Proben paarweise miteinander verglichen wurden. Mit Hilfe des Übereinstimmungskoeffizienten W [4] wurde zunächst erst einmal nachgewiesen, daß eine gute Übereinstimmung zwischen den Ergebnissen der zur Beurteilung herangezogenen Personen besteht, die sich offenbar für diese Aufgabe sämtlich als geeignet

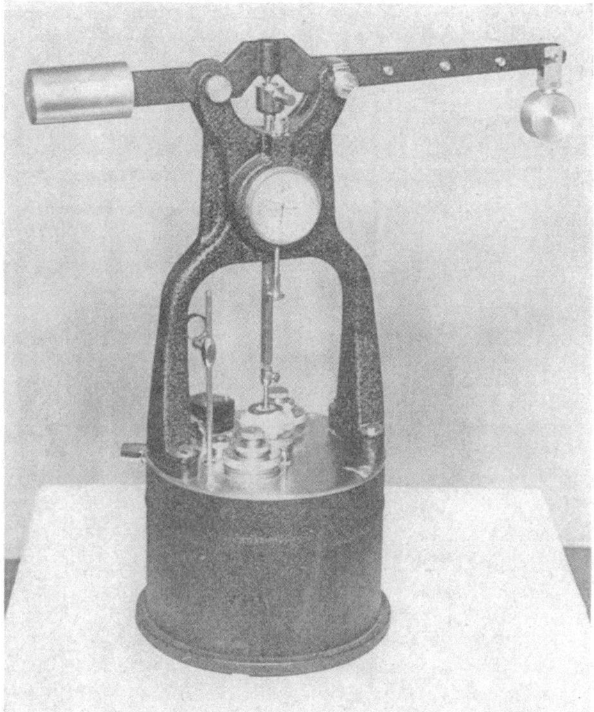

Bild 5. Messung der Filzfähigkeit von Kämmling mit Hilfe des Konsistometers des VEB Prüfgerätewerk Medingen

erwiesen. Außerdem wurde an Hand des Rangkorrelationskoeffizienten τ von *Kendall* nachgewiesen, daß mit $S = 99\%$ statistischer Sicherheit ein Zusammenhang zwischen der Konsistometerprüfung und der auf Grund der paarweisen Vergleiche ermittelten Durchschnittsrangordnung besteht.

4.2 Eine Möglichkeit zur Ausschaltung der subjektiven Faktoren, die das Meßergebnis an kugelförmigen Prüfkörpern negativ beeinflussen, bietet die Einführung eines Quotienten, der aus dem Verhältnis

$$\frac{\text{Mittelwert des Prüflings}}{\text{Mittelwert des Standardmusters}}$$

gebildet wird. Als Standardwolle verwendeten wir eine Capwolle A/AA. Die Ergebnisse einer entsprechenden Versuchsreihe zeigt Tabelle 4. Die auf der Basis des Standardmusters gewonnenen Ergebnisse zeigen zwar noch keine völlige Übereinstimmung zwischen den Bearbeitern, doch besteht immerhin eine mit $S = 99\%$ gesicherte Korrelation zwischen den Ergebnissen der beiden Personen.

Tabelle 4. Einführung des Standardmusters Wolle Cap A/AA pH 3,6; 30 min; großer Hub, 150 U/min.

Muster	links Bearbeiter 1	links Bearbeiter 2	Mitte Bearbeiter 1	Mitte Bearbeiter 2	rechts Bearbeiter 1	rechts Bearbeiter 2
1	0,950	1,002	0,922	0,978	0,906	0,945
2	0,917	0,941	0,928	0,945	0,916	0,941
3	0,907	0,924	0,895	0,920	0,904	0,920
4	1,011	1,011	0,987	0,990	1,014	1,014
5	0,945	0,924	0,946	0,941	0,936	0,937
6	0,953	0,965	0,930	0,961	0,955	0,965
7	0,961	0,977	0,958	0,989	1,056	1,022
8	1,016	1,010	0,980	0,986	1,009	1,010
9	1,000	1,000	0,976	0,990	0,955	0,953

5 Anwendung des Filztestgerätes

Der Vollständigkeit halber sei kurz auf die Einsatzgebiete des Filztestgerätes eingegangen.

Für die Überwachung der *Antifilzausrüstung* von Wolle ist das Filztestgerät ein wertvoller Helfer. Es ist möglich, noch während der Behandlung der Wolle die Prüfung auf den Veredlungseffekt vorzunehmen. Die Ergebnisse liegen in verhältnismäßig kurzer Zeit vor. Eine gute Antifilzausrüstung der Wolle wird angezeigt durch offene, nicht mehr meßbare Prüfkörper.

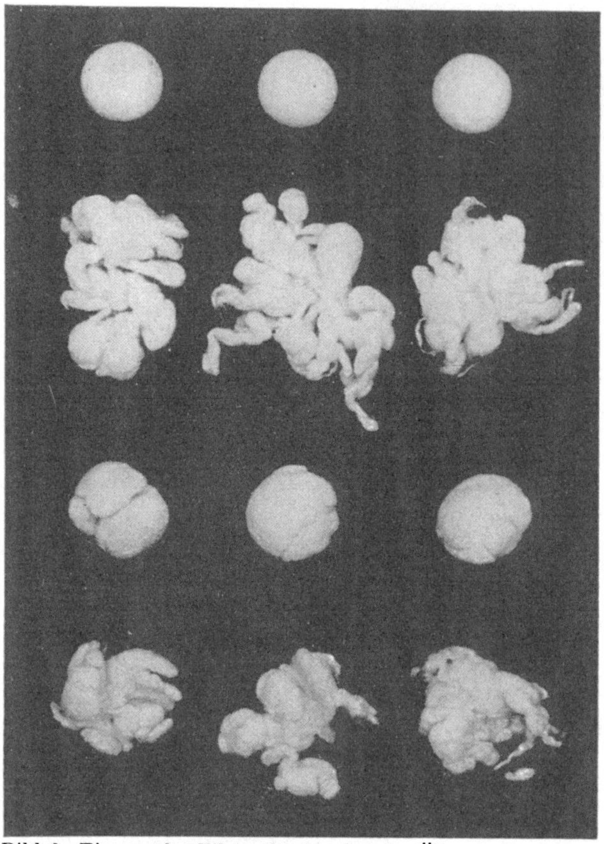

Bild 6. Einsatz des Filztestgerätes bei der Überwachung der Antifilzausrüstung;

unausgerüstete Wolle (oben) in der Gegenüberstellung zu ausgerüsteter Wolle

Meist genügt bereits diese Aussage, so daß das zeitraubende und umständliche Ausmessen nach dem Konsistometerprinzip oder mit Hilfe des paarweisen Vergleiches entfallen kann. Bild 6 zeigt Filzmuster aus einer derartigen Arbeit.

Neben der Möglichkeit, den Effekt von Antifilzausrüstungen nachzuweisen, können außerdem Mischungen von Wolle mit Synthesefasern oder der Einfluß von Veredlungsverfahren, wie Bleichen, Färben usw. auf das Filzverhalten der Wolle ermittelt werden, wie Bild 7 zeigt. Es zeigt sich deutlich das Zusammenspiel von Beizen, Färben hinsichtlich der Filzfähigkeit der Wolle.

Hier tut sich im Zusammenhang mit den Arbeiten an der Vervollkommnung der *Skelantechnologie* sowie in der Tuchindustrie usw. ein weiteres Anwendungsfeld auf. Sowohl bei der Voreinschätzung der Rohstoffe für Skelan und andere Textilien, die einem Filz- bzw. Walkprozeß unterworfen werden, sowie beim Ermitteln der Qualitätsbeeinflussung der Fertigware durch Zusätze von Wollkämmling und nicht-wollenem kurz- und langstapeligen Material sowie von Veredlungsprozessen kann man das Filztestgerät einsetzen. Über einige Arbeiten in dieser Richtung wird zu gegebener Zeit berichtet.

Auch die *Hutfilz* herstellende Industrie dürfte im Filztest eine erprobenswerte Prüfmethode finden.

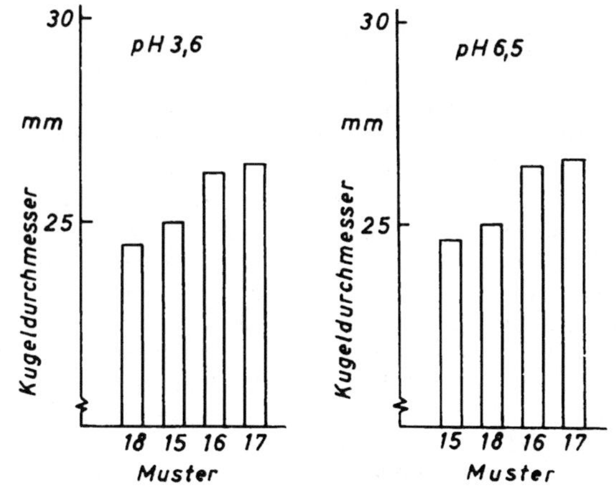

Bild 7. Filzvermögen verschieden behandelter mongolischer Frühlingswolle D-D/E

pH 3,6 und pH 6,5, 30 min, großer Hub, 150 U/min;
18 gewaschen mit THM Schkopau W-P,
17 gefärbt mit Wofalanschwarz GRL,
15 gebeizt mit Kupfersulfat,
16 gebeizt mit Kupfersulfat und nach Zwischentrocknung gefärbt mit Wofalanschwarz GRL.

6 *Zusammenfassung*

Das Filztestgerät stellt eine wertvolle Hilfe in der Wollprüfung dar. Beim längeren dreidimensionalen Schütteln von loser Wolle in wäßrigem Medium entstehen entweder Kugeln, deren Durchmesser mit Hilfe der Schublehre ausmeßbar ist und direkt als Maßstab der Filzfähigkeit gilt, oder mit der Schublehre nicht meßbare Prüfkörper, die mittels Konsistometer oder in Sonderfällen paarweisem Vergleich bewertet werden können. Die subjektiven Fehler bei der Messung mit Schublehre sind durch Vergleich der Kugeln mit einem Standardmuster kompensierbar.

Von wesentlicher Bedeutung für das Prüfergebnis sind pH-Wert des Schüttelmediums, Hub und Umlauffrequenz der Schüttelkästen, gute Öffnung des Materials, Ausschaltung subjektiver Einflüsse durch die einzelnen Bearbeiter, Schüttelzeit, Stapellänge des Materials. Ein etwaiger Einfluß des Fettgehaltes wird durch Prüfung gewaschenen Materials ausgeschlossen.

Das Gerät ist auf vielen Gebieten der wollverarbeitenden Industrie einsetzbar.

Literatur

[1] *Dominik, M.*, und *Henning, H.-J.*, Literaturübersicht über die verschiedenen Versuchsbedingungen bei der Prüfung des Schrumpfverhaltens wollener Maschenware. Z. ges. Textilind. **64** (1962) 1, S. 17–22.

[2] *Blankenburg, G.*, und *Zahn, H.*, Ein neuer Filztest für lose Wolle und Kammzug. Textil-Praxis **16** (1961) 3, S. 228–232.

[3] *Blankenburg, G.*, Weitere Erfahrungen mit dem Filztest für Waschwollen und Kammzüge. Z. ges. Textilind. **63** (1961) 2, S. 78–81.

[4] *Graf, U.*, und *Henning, H.-J.*, Statistische Methoden bei textilen Untersuchungen. Berlin–Göttingen–Heidelberg: Springer 1955.

Eingegangen am 30. Dezember 1963

Zum Einfluß des Gelteilchengehaltes von Viskosespinnlösungen auf die Festigkeit daraus hergestellter Celluloseregeneratfäden und deren Teilchenzahl nach Lösen in EWNN[1)]

Josef Baudisch, Burkart Philipp, Heiner Schmiedeknecht und Harry Schleicher

Deutsche Akademie der Wissenschaften zu Berlin, Institut für Faserstoff-Forschung in Teltow-Seehof

DK 677.463.021.43:541.182.644:539.4

Ausgehend vom gleichen Zellstoff wurde der Einfluß einer unterschiedlichen Intensität der Filtration der Viskose auf die Festigkeit daraus hergestellter Regeneratfasern untersucht. Gleichzeitig wurden in den Viskosen bzw. in den EWNN-Regeneratfaserlösungen die Teilchenspektren ermittelt. Mit zunehmender Filtrationsgüte nehmen die Teilchenzahlen sowohl in der Viskose als auch in den EWNN-Lösungen signifikant ab und die Festigkeitswerte der Regeneratfasern steigen an. Die Ergebnisse lassen die Schlußfolgerung zu, daß Viskoseinhomogenitäten in die Regeneratfaser eingebaut werden und Ursache von Fadenbrüchen sein können.

О влиянии содержания геликов в вискозных прядильных растворах на прочность полученных из этих растворов гидратцеллюлозных нитей и на число геликов после растворения нитей в щелочном растворе железновиннонатриевого комплекса (ЖВNaK)

При применении одной и той же марки целлюлозы исследовалось влияние различной интенсивности фильтрации вискозного раствора на прочность сформованных из него гидратцеллозных волокон. Одновременно с этим изучалось распределение геликов по величине в вискозных растворах и в растворах гидратцеллюлозных нитей в ЖВNaK. С увеличением интенсивности фильтрации число геликов в вискозе и в ЖВNaK-растворах заметно уменьшается, а прочность гидратцеллюлозных волокон возрастает. Эти результаты позволяют сделать вывод о том, что гелеобразные частицы, содержащиеся в вискозе, ,,встраиваются" в структуру гидратцеллюлозных волокон и могут явиться причиной обрыва нитей.

On the Effect of Gel Particle Content of Viscose Spinning Solutions on the Strength of the Regenerated Cellulose Filaments Obtained therefrom and on the Number of Particles Included in them as Determined by Dissolution in EWNN

The effect of different filtration intensities of viscoses prepared from the same pulp on the strength of regenerated cellulose fibres has been investigated. Further, the particle spectra of viscoses and solutions of regenerated cellulose fibres in EWNN have been determined. The number of particles in the viscose as well as in the EWNN-solution decreases significantly and the strength of the fibres rises as the filtration intensity increases. The results obtained allow the conclusion that the inhomogenities of viscose are incorporated in the regenerated fibres and may be able to provoke fibre breakages.

1 *Einführung*

Die Frage nach dem Zusammenhang zwischen dem Partikelspektrum von Viskosespinnlösungen und den Festigkeitseigenschaften daraus hergestellter Celluloseregeneratfäden hat in letzter Zeit reges Interesse gefunden [1 bis 4]. Ausgehend von der Vorstellung, daß Viskosegelteilchen möglicherweise den Spinnvorgang überleben und als definierte Struktureinheiten in die Regeneratfaser eingebaut werden, hatten wir eine Serie nach gleicher Technologie, aber unter Variation von Zellstoffart und Modifikatortyp, ersponnene Cordseiden in Cadoxen bzw. in EWNN gelöst und auf konduktometrischem Wege das Partikelspektrum dieser Lösungen ermittelt [5]. Wir erhielten eine negative Korrelation zwischen der Teilchenzahl solcher Lösungen und den an Prüfviskosen ermittelten R_v-Werten der eingesetzten Zellstoffe, während diese Teilchenzahl keinen Zusammenhang mit dem Zellstofftyp (Sulfitzellstoff — Vorhydrolysesulfatzellstoff — Linterszellstoff) und auch nicht mit dem Modifikatortyp erkennen ließ. Es erschien somit der Schluß berechtigt, daß es sich bei den nach Wiederauflösen der Faser gezählten Teilchen kaum um sekundär beim Spinnprozeß entstandene Strukturelemente handeln konnte, sondern vielmehr im wesentlichen um in den Faden eingebaute Inhomogenitäten aus der Spinnviskose, deren Zahl unter den damals vorliegenden konstanten Filtrationsbedingungen mit steigendem R_v-Wert des Zellstoffs natürlich abnahm.

Während seinerzeit die Auswahl der Cordseiden im Hinblick auf eine möglichst breite Variation von Zellstoff- und Modifikatortyp getroffen wurde und wegen des vorherrschenden Einflusses anderer Parameter (Modifikatortyp, α-Cellulosegehalt des Zellstoffs bzw. Kurzkettengehalt der Spinnviskose) eine Korrelation zwischen Teilchenzahl und Festigkeit weder erwartet noch gefunden werden konnte, wurden nun in Fortführung dieser Arbeiten Viskoseansätze nach gleicher Technologie aus ein und demselben Zellstoff hergestellt, jedoch vor der Verspinnung einer Filtration durch unterschiedliche Filtermedien unterworfen, die in der Reihenfolge Kalmuck — Watte — Linterspappe eine zunehmende Gelteilchenretention zeigten. Durch Partikelzählung in der filtrierten Spinnviskose sowie in der EWNN-Lösung der hieraus hergestellten Regeneratfäden, von denen außerdem die Festigkeitswerte ermittelt wurden, sollte geprüft werden, inwieweit

1. durch Intensivierung der Filtration bei Konstanthaltung der übrigen Parameter eine Festigkeitssteigerung möglich ist,
2. ein Zusammenhang zwischen Festigkeit des Regeneratfadens und der Partikelzahl seiner EWNN-Lösung besteht,
3. sich eine Korrelation zwischen den Partikelzahlen der Spinnviskosen und den EWNN-Lösungen der entsprechenden Regeneratfäden ergibt.

Um zu möglichst zuverlässigen und allgemeingültigen Aussagen zu gelangen, wurden drei unabhängige Versuchsserien mit gleichem Zellstoff, aber verschiedenartigen Modifikatorzusätzen durchgeführt, über deren Ergebnisse nun kurz berichtet werden soll.

2 *Versuchsführung*

2.1 *Herstellung und Verspinnung der Viskoseansätze*

Alle Viskosen wurden aus einem heißveredelten Fichtensulfit — Cordzellstoff (α-Gehalt 95,5%; DP in Cuoxam ca. 1200) hergestellt. Für jeden Filtrationsversuch wurde ein gesonderter Viskoseansatz verwendet. Die folgende Übersicht bringt einige Angaben über Viskosierung und Verspinnen unserer Ansätze.

[1)] Zugleich 4. Mitt. der Reihe Technologische Beiträge zur Erzeugung hochfester Celluloseregeneratfasern. 3. Mitt. s. diese Z. **14** (1963) 6, S. 219—227.

Tabelle 1. Verwendete Filtermaterialien

Beschreibung des Filtermaterials	Quadratmetergewicht [g/m²]	Kettfäden/cm	Schußfäden/cm	Gewebebindung
Nessel (PeCe)	273	43	21	Leinwand (einseitig gerauht)
Barchent (Baumwolle)	210	20	14	Köper (beidseitig gerauht)
Batist (Baumwolle	100	37	37	Leinwand
Kalmuck (PeCe)	720	—	—	—
Linterswatte	263	—	—	—
Linterspappe	481	—	—	—

Alkalisierung: 18%ige NaOH 1 h bei 18 °C
Zusammensetzung der Alkalicellulose: ca. 35% Cellulose — ca. 15% NaOH.

Vorreife: 24 h bei 20°

Sulfidierung: 42% CS_2; während 1 h von 25 °C auf 28 °C ansteigend. Gesamtzeit $3^1/_2$ h.

Lösen: 5 h bei 10 °C
Zusammensetzung der Viskose: 6,5% Cellulose — 6,5% Gesamtalkali.

Modifikator: 1,7 g/l Viskose
Es wurden drei verschiedene Modifikatoren verwendet: Cyclohexylamin — Oxydwachs AN[2])-KMP 15[3]).

Filtration: Für die Filtrationsversuche wurden folgende drei Filterkombinationen verwendet.

a) PeCe Nessel — PeCe Kalmuck — PeCe Nessel;
b) Baumwollbatist — Baumwollbarchent — Linterswatte — Baumwollbarchent — Baumwollbatist;
c) Baumwollbatist — Baumwollbarchent — Linterspappe — Baumwollbarchent — Baumwollbatist.

Einige Angaben über die verwendeten Filtermaterialien sind in Tabelle 1 zusammengestellt.

Nachreife: auf 15 bis 18 °H ~ 50 h bei 20 °C entsprechend Gamma-Werten 35 bis 42; Kugelfallviskosität ~75 s.

Spinnbad: 70 g/l H_2SO_4,
140 g/l Na_2SO_4, Spinnbadtemperatur:
90 g/l $ZnSO_4$; 55 bis 60 °C.

Verstreckung: 102%; Temperatur des Verstreckungsbades: 90 bis 95 °C. Die Seiden wurden nicht entschwefelt und nicht aviviert.

2.2 Zur Gelteilchenzählung in den filtrierten Viskosen

Unter Verwendung des nach dem konduktometrischen Prinzip arbeitenden „CELLOSCOPE" (Fa. L. Ljungberg AB, Stockholm) wurden die Spinnviskosen unmittelbar nach der Filtration einer Partikelzählung unterworfen. Wir verfuhren dabei nach einer von *Treiber* [7] und *Kolos* [8] vorgeschlagenen Arbeitsweise nach Verdünnung der Viskose auf 2% freies Alkali und 1,6% Cellulose.

2.3 Zur Partikelzählung in den EWNN-Lösungen der Regeneratfäden

Während wir in einer früheren Mitteilung [5] zum Lösen der Regeneratfäden sowohl Cadoxen, als auch EWNN benutzt hatten, beschränkten wir uns hier aus verschiedenen methodischen Gründen auf EWNN, zumal dieses gegenüber Cadoxen eine höhere Lösekraft aufweist und auch in seiner Leitfähigkeit eher einer verdünnten Viskoselösung entspricht.

Die EWNN-Lösung wurde nach der Arbeitsvorschrift von *Edelmann* und *Horn* [6] hergestellt, vor Verwendung 20 Tage gealtert und dann nochmals durch eine G 5-Fritte filtriert. Ihre Dichte betrug bei 20 °C 1,23 g/cm³, ihr spez. Widerstand ϱ_0 bei 20 °C ~ 6 (Ω/cm). Für die Zählung wurden 0,5%ige Celluloselösungen hergestellt. Dazu wurde die entsprechende Fasereinwaage mit 50 ml EWNN bei Raumtemperatur 15 h gelöst und vor der Messung entlüftet. Gemessen wurde konduktometrisch mit dem CELLOSCOPE unter Verwendung einer Kapillare von ~ 92 µm Durchmesser. Die Auswertung der Teilchenzählung in EWNN wurde auf die gleiche Weise durchgeführt, wie von uns bereits an anderer Stelle beschrieben [5], allerdings wurden jetzt die Teilchenzahlen pro Gramm Cellulose angegeben.

Tabelle 2. Teilchenzahl in den Spinnviskosen (Integrale Teilchenzahlen)

Viskose		Zahl der Teilchen pro Gramm Cellulose		
Versuchsreihe	Filtration	> 15 µm	> 10 µm	> 7 µm
Oxydwachs AN	Kalmuck	72 × 10²	+	—
	Watte	41 × 10²	—	—
	Linterspappe	21 × 10²	—	—
Cyclohexylamin	Kalmuck	149 × 10²	330 × 10²	746 × 10²
	Linterspappe	105 × 10²	122 × 10²	324 × 10²
KMP 15	Kalmuck	106 × 10²	297 × 10²	766 × 10²
	Watte	66 × 10²	126 × 10²	288 × 10²
	Linterspappe	56 × 10²	121 × 10²	270 × 10²

3 Versuchsergebnisse

Tabelle 2 zeigt die Teilchenzahlen in den verschieden intensiv filtrierten Spinnviskosen.

Bei allen drei Versuchsreihen liegen die Teilchenzahlen nach „Einfachfiltration" durch Kalmuckgewebe merklich höher als nach „Intensiv-Filtration" durch Watte oder Linterspappe, wobei dieser Unterschied in allen Größenklassen vorhanden ist, mit abnehmender Teilchengröße jedoch ausgeprägter wird. Obwohl hier nach Filtration durch Linterspappe etwas niedrigere Teilchenzahlen erhalten wurden als bei Verwendung von Watte als Filtrationsmedium, ist diese Differenz in Anbetracht der wenigen untersuchten Viskoseansätze nicht als signifikant zu betrachten, so daß unter den hier gewählten Bedingungen Linterspappe und Watte in ihrer Filtrationswirkung als etwa gleichwertig zu beurteilen wären.

Die nach Konditionierung bei 65% rel. Feuchte ermittelten Reißlängen (vgl. Bild 1) zeigen einen ganz klaren Unterschied zwischen Seideproben aus einfach filtrierter und solchen aus intensiv filtrierter Viskose, indem die Festigkeiten nach Intensivfiltration bei allen drei Versuchsreihen um 1 bis 4 Rkm höher liegen als nach Einfachfiltration, wobei die Absolutwerte erwar-

[2]) Polyäthylenoxydprodukt des VEB Chemische Werke BUNA

[3]) Äthylenoxydaddukt, Versuchsprodukt des VEB Chemische Werke BUNA

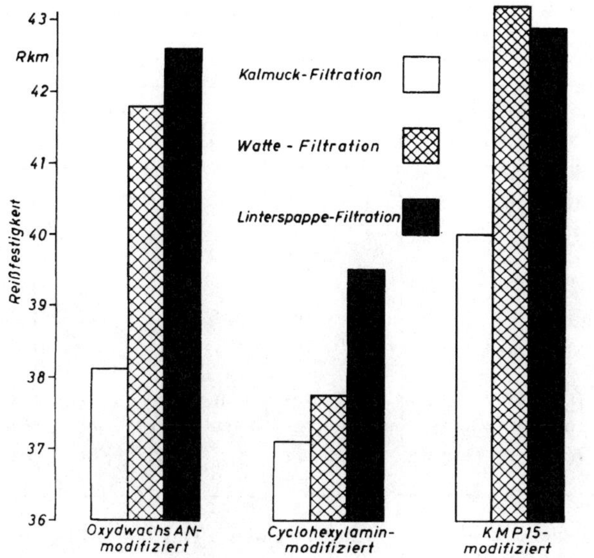

Bild 1. Zusammenhang zwischen Intensität der Viskosefiltration und den Festigkeiten unterschiedlich modifizierter Cordseiden

tungsgemäß vom Modifikatortyp bestimmt werden und in der Reihenfolge „Cyclohexylamin" — „Oxydwachs AN" — „KMP 15" ansteigen [9]. Wenn auch — in Übereinstimmung mit den Teilchenzahlen der Spinnviskosen (Tabelle 2) — die Festigkeit nach „Linterspappenfiltration" in zwei Fällen merklich größer war als nach „Wattefiltration", so halten wir doch diesen Unterschied keineswegs für allgemein gesichert, zumal bei einigen hier nicht im einzelnen aufgeführten Versuchsreihen mit längerer Nachreifezeit bei sonst gleicher Viskosier-, Filtrations- und Spinntechnologie gerade die umgekehrte Tendenz zu erkennen war, während die Festigkeitsdifferenz zwischen „einfach filtriert" und „intensiv filtriert" ebenso wie die durch unterschiedliche Modifikatoren bedingte Festigkeitsabstufung auch unter diesen veränderten Nachreifebedingungen in allen Fällen klar in Erscheinung trat. Am Rande sei erwähnt, daß bei diesen Versuchsreihen der schon früher festgestellte Einfluß der Nachreifebedingungen auf die Festigkeit erneut bestätigt wurde [9], indem diese niedriger lag, wenn die angestrebte Hottenrothzahl von ca. 17 °H durch lange Reifezeit (ca. 200 h) bei tiefer Temperatur (0 bis 4°C) eingestellt wurde, als nach kurzer Nachreife (ca. 50 h) bei Raumtemperatur (ca. 20°C) bis zur gleichen Hottenrothzahl.

Nachdem der Einfluß einer unterschiedlich intensiven Filtration und damit einer unterschiedlichen Partikelzahl in der Spinnviskose auf die Festigkeit der Regeneratfaser offensichtlich erwiesen war, interessierte natürlich die Frage, inwieweit diese Unterschiede sich auch im Partikelspektrum einer EWNN-Lösung der Regeneratfasern zeigen. Unsere Ergebnisse sollen anhand von Tabelle 3 diskutiert werden, wobei die angegebenen Teilchenzahlen hinsichtlich des Teilchengehalts der reinen EWNN-Lösung korrigiert wurden, indem ein aus vier Messungen gemittelter Blindwert der leeren Lösung jeweils abgezogen wurde.

Die aus den intensiv filtrierten Viskosen ersponnenen Cordseidenmuster weisen im allgemeinen für sämtliche Größenklassen in EWNN niedrigere Teilchenzahlen auf als die aus einfach filtrierten Spinnlösungen hergestellten Fäden. Ganz klar tritt dieser Zusammenhang bei den Versuchsserien mit „Cyclohexylamin" und „KMP 15" hervor, wo gegenüber „einfach filtriert" die Teilchenzahlen nach Wattefiltration bei 29 bis 73% (Mittelwert 42%), nach Linterspappefiltration bei 37 bis 88% (Mittelwert 57%) der Vergleichswerte liegen. Bei der Reihe mit Oxydwachs AN ergeben sich nicht so eindeutige Beziehungen, indem zwar das Muster „wattefiltriert" wiederum nur im Mittel 67% der Teilchenzahl von „einfach filtriert" aufweist, die Teilchenzahl von „Linterspappe filtriert" jedoch etwa der von „einfach filtriert" entspricht.

Eine Gegenüberstellung der Teilchenzahlen von Spinnviskosen und EWNN-Lösungen der entsprechenden Regeneratfasern wurde für verschiedene Größenklassen in Tabelle 4 vorgenommen. Ein solcher Vergleich kann selbstverständlich nur eine grobe Näherung darstellen, einmal wegen der etwas unterschiedlichen Leitfähigkeit beider Lösungsmittel, zum anderen wegen des unbekannten spezifischen Widerstandes der Partikel in den EWNN-Lösungen der Regeneratfasern, der von uns zunächst einmal willkürlich gleich dem von Viskose-Gelteilchen angenommen wurde.

Tabelle 3. Teilchenzahlen in den EWNN-Lösungen (Integrale Teilchenzahlen)

Versuchsreihe	Filtration	Zahl der Teilchen pro Gramm Cellulose			
		$>17\ \mu m$	$>11\ \mu m$	$>9\ \mu m$	$>7{,}5\ \mu m$
Oxydwachs AN	Kalmuck	122×10^2	291×10^2	405×10^2	894×10^2
	Watte	65×10^2	193×10^2	296×10^2	663×10^2
	Linterspappe	118×10^2	278×10^2	509×10^2	900×10^2
Cyclohexylamin	Kalmuck	99×10^2	339×10^2	470×10^2	1114×10^2
	Watte	29×10^2	102×10^2	218×10^2	483×10^2
	Linterspappe	88×10^2	215×10^2	363×10^2	660×10^2
KMP 15	Kalmuck	85×10^2	253×10^2	446×10^2	1138×10^2
	Watte	62×10^2	107×10^2	189×10^2	361×10^2
	Linterspappe	38×10^2	107×10^2	189×10^2	424×10^2

4 *Diskussion der Ergebnisse*

Die vorliegenden Ergebnisse bestätigen unsere schon früher geäußerte Annahme [5], daß Gelteilchen aus der Spinnviskose als diskrete Struktureinheiten in die Regeneratfaser eingebaut werden können und dadurch Störungen in der Faserstruktur hervorrufen, die zum Fadenbruch führen können; denn eine Intensivierung der Viskosefiltration bewirkte einerseits ein Absinken der Teilchenzahl in Spinnviskose *und* EWNN-Lösung des Regeneratfadens in den mit unserer konduktometrischen

Tabelle 4. Vergleich der Teilchenzahlen in den Viskosen und in den EWNN-Lösungen der Regeneratfasern

Versuchsreihe	Filtration	Zahl der Teilchen pro Gramm Cellulose					
		> 15 µm		> 10 µm		> 7 µm	
		Viskose	EWNN	Viskose	EWNN	Viskose	EWNN
Oxydwachs AN	Kalmuck	72 × 10²	122 × 10²	—	—	—	—
	Watte	41 × 10²	65 × 10²	—	—	—	—
	Linterspappe	21 × 10²	118 × 10²	—	—	—	—
Cyclohexylamin	Kalmuck	149 × 10²	99 × 10²	330 × 10²	470 × 10²	746 × 10²	1114 × 10²
	Linterspappe	105 × 10²	88 × 10²	122 × 10²	363 × 10²	324 × 10²	660 × 10²
KMP 15	Kalmuck	106 × 10²	85 × 10²	297 × 10²	446 × 10²	766 × 10²	1138 × 10²
	Watte	66 × 10²	62 × 10²	126 × 10²	189 × 10²	288 × 10²	361 × 10²
	Linterspappe	56 × 10²	38 × 10²	121 × 10²	189 × 10²	270 × 10²	424 × 10²

Methodik erfaßbaren Bereichen > 7 µm Durchmesser, andererseits einen deutlichen Anstieg der Reißfestigkeit des Regeneratfadens. Hierbei war der Zusammenhang zwischen Festigkeit und Teilchenzahl in der Viskose ausgeprägter als der zwischen Festigkeit und Teilchenzahl der Regeneratfaserlösung; denn ersterer trat ohne „Ausreißer" bei allen drei mit verschiedenen Modifikatortypen gesponnenen Serien wie auch nach unterschiedlicher Führung der Nachreife klar in Erscheinung, obwohl für jeden Filtrationsversuch ein gesonderter Viskoseansatz verwendet werden mußte und somit unvermeidliche Schwankungen in der kleintechnischen Viskosierung als Störfaktoren in Kauf genommen werden mußten. Trotz dieser gesicherten Korrelation zwischen Partikelzahl und Festigkeit lassen unsere Ergebnisse die Frage offen, ob eine Herabsetzung der Faserfestigkeit primär durch die mit unserer Meßmethodik erfaßbaren mittleren und kleinen Gelteilchen (> 7 µm) hervorgerufen wird, oder ob die hier gefundenen Teilchenzahlen nur eine Art „Maßzahl" darstellen für eine dieser proportionale, viel größere Anzahl sehr kleiner Teilchen, die ihrerseits die Festigkeit bestimmen. Die zweite Möglichkeit erfordert allerdings die Annahme, daß neben den mittleren und kleinen (20 bis 7 µm) auch eine entsprechende Anzahl sehr kleiner Teilchen (< 5 µm) durch die Filtration entfernt wird und der von *Treiber* [10] gefundene exponentielle Anstieg der Teilchenzahl mit abnehmender Teilchengröße zumindest im Bereich unter 10 µm als eine Art allgemein gültige Verteilungsfunktion auch nach unterschiedlich intensiver Filtration weitgehend erhalten bleibt. Für diese zweite Möglichkeit sprechen jedoch einmal die Feststellungen von *Gray* und *Yorke* [3] und *More* und *Gray* [4], die durch Lichtzerstreuung Teilchen zwischen 0,1 und 5 µm Durchmesser erfaßten und zu dem Schluß kamen, daß die Festigkeits- und Dehnungseigenschaften von Celluloseregeneratfasern in erster Linie durch diese sehr kleinen Teilchen von etwa 1 µm Dm. beeinflußt werden, zum anderen die von uns beobachtete zunehmende Differenzierung zwischen „einfach filtrierter" und „intensiv filtrierter" Viskose mit abnehmender Partikelgröße (vgl. Tabelle 2), wobei allerdings mit berücksichtigt werden muß, daß auch die zufällige Streuung der Meßergebnisse mit zunehmender Teilchenzahl, also abnehmender Teilchengröße, geringer wird.

Die Teilchenzählungen an den in EWNN gelösten Regeneratfäden zeigen insofern eine den bisher dargelegten Vorstellungen entsprechende Tendenz, als erstens die aus intensiv filtrierten Viskosen ersponnenen Fasern hoher Festigkeit bis auf eine Ausnahme signifikant geringere Teilchenzahlen aufweisen als solche aus einfach filtrierten, also gelpartikelreicheren Spinnlösungen, und als zweitens eine zumindest größenordnungsmäßige Übereinstimmung zwischen Partikelzahl pro Gramm Cellulose in Spinnviskose und EWNN-Lösung der Regeneratfaser festzustellen ist. Allerdings ist diese Übereinstimmung keineswegs absolut und quantitativ, die Teilchenzahlen in EWNN liegen je nach Modifikatortyp und betrachteter Größenklasse bei 70% bis 500% der entsprechenden Werte in den Spinnviskosen, wobei diese Unterschiede sicher nicht allein auf methodische Unsicherheiten (z. B. willkürliche Schätzung des spez. Widerstandes der Teilchen in EWNN) zurückzuführen sind, sondern vielmehr eine echte Zunahme der Partikelzahl anzunehmen ist, die vielleicht u. a. durch Aufnahme EWNN-unlöslicher kleiner Partikel aus dem Spinnbad in die Faseroberfläche verursacht sein könnte. Hierfür sprechen einmal ein gewisser Modifikatoreinfluß (höhere Teilchenzahl mit „Oxydwachs AN" im Vergleich zu Cyclohexylamin und „KMP 15"), sowie der Anstieg des Quotienten $\frac{\text{Teilchenzahl in EWNN}}{\text{Teilchenzahl in Viskose}}$ mit abnehmender Teilchengröße.

Die Beobachtung, daß in den höchsten Teilchenklassen (> 15 µm) bei den Serien mit Cyclohexylamin und KMP 15 die Spinnlösungen eine größere Teilchenzahl aufweisen als die EWNN-Lösungen der Regeneratfasern, könnte sich durch die Wirkung der nochmaligen Feinfiltration in der Spinnkerze zwanglos erklären lassen.

Abschließend sei darauf hingewiesen, daß unser begrenztes Versuchsmaterial nur geeignet ist, gewisse Zusammenhänge zwischen textilen Daten von Celluloseregneratfasern und dem Partikelspektrum ihrer Lösungen zu vermuten und wahrscheinlich zu machen. Eine Sicherung dieser Zusammenhänge im Sinne der mathematischen Statistik erfordert wesentlich mehr experimentelles Material und sollte zweckmäßigerweise unter Betriebsbedingungen vorgenommen werden, wo zudem im Vergleich zu Technikumsansätzen eine wesentlich größere Gleichmäßigkeit der Viskosierung und Verspinnung gewährleistet ist.

Herrn Ing. *Gräwe* danken wir an dieser Stelle für die sorgfältige Durchführung der Spinnversuche und Herrn *Schubert* für die gewissenhafte Arbeit bei der Gelteilchenzählung in den Viskosen.

Literatur

[1] *Vosters, H. L.*, 2. Kolloquium über viskosetechnische Fragen, Stockholm 6. 3. 1956.

[2] *Jonsén, H.*, in: *Kolos, F.*, Über die Reinheit von Spinnlösungen. Vortrag, gehalten beim Zellwolle-Kolloquium in Lenzing am 8./9. 5. 1962. Lenzinger Berichte, Folge 12, September 1962.

[3] *Gray, K. L.*, und *Yorke, R. W.*, Gel Particles and Their Effect on the Tensile Properties of High Tenacity Viscose Fibers. J. Polymer Sci. **61** (1962) 171, S. S5—S7.

[4] *More, J. W.*, und *Gray, K. L.*, The Importance of Small Particles in Tyre Yarn Viscose. Vortrag, gehalten auf der 1. Chemiezellstoff-Konferenz der TAPPI in Montreal vom 16. bis 20. Juni 1963. Ref.: Papier **17** (1963) 9, S. 458—459.

[5] *Philipp, B.*, und *Baudisch, J.*, Zum Einfluß des Gelteilchengehaltes von Viskosespinnlösungen auf den übermolekularen Bau daraus hergestellter Cellulose-Regeneratfäden. Faserforsch. u. Textiltechn. **14** (1963) 7, S. 274—280.

[6] *Edelmann, K.*, und *Horn, E.*, Zur Herstellung und Anwendung der alkalischen Eisen-Weinsäure-Natrium-Komplexlösung für die viskosimetrische DP-Bestimmung der Cellulose, Faserforsch. u. Textiltechn. **9** (1958) 11, S. 495—500.

[7] *Kolos, F.*, und *Treiber, E.*, Particle Determinations in Viscose Solution. Svensk Papperstidn. **64** (1961) 16, S. 577—588.

[8] *Kolos, F.*, Prerequisite Conditions for Conductometric Determinations of Particle Distribution in Viscose Solution. Svensk Papperstidn. **64** (1961) 15, S. 533 bis 544.

[9] *Schmiedeknecht, H.*, und *Klare, H.*, Beiträge zum Einsatz von Zellstoffen und Modifikatoren bei der Erspinnung von Viskose-Supercord. Abh. dt. Akad. Wiss. Berlin, Klasse Chemie, Geologie u. Biologie (1963) 1, S. 137—151.

[10] *Treiber, E.*, The State of Solution of Technical Viscose. J. Polymer Sci. **51** (1961) 5, S. 297—315.

Eingegangen am 17. Dezember 1963

Zur Bestimmung des Luftgehaltes in Spinnviskosen

Rudolf Pečený
Severočeské chemické závody, Lovosice/ČSSR

DK 677.463.021.42:66.069.84

Zur Beurteilung des Entlüftungsgrades von Viskose muß sowohl die in Bläschenform dispergierte als auch die gelöste Luft bestimmt werden. Nach einer kritischen Betrachtung der bekannten volumetrischen Methode werden zwei Zählmethoden zur Bestimmung der dispergierten Luft vorgeschlagen, bei denen konduktometrische bzw. optische Bläschen-Zählapparate verwendet werden. Zur Bestimmung des Gleichgewichtsdruckes der gelösten Luft in Viskose wird eine Methode angegeben, die auf einer mikroskopischen Messung der Lösegeschwindigkeit von Stickstoffbläschen beruht. Praktische Ergebnisse werden mitgeteilt.

К определению содержания воздуха в вискозных прядильных растворах

Для оценки степени обезвоздушивания вискоз необходимо проводить определение содержания как диспергированного в виде пузырков, так и растворенного в вискозе воздуха. После критического рассмотрения известных обьемных методов предлагаются два числовых метода для определения диспергированного воздуха с применением кондуктометрических или оптических приборов для подсчета числа пузырков. Приводится метод для определения равновесного давления растворенного в вискозе воздуха, основанный на измерении скорости растворения пузырков азота при помощи микроскопа. В заключение излагаются полученные практические результаты.

On the Determination of Air Content of Spinning Viscoses

The evaluation of the degree of deaeration of viscose requires the determination of the air dispersed in the form of bubbles as well as of the dissolved air. After a critical review of the known volumetric methods, two counting methods are proposed using optical or conductometrical counting devices. Further, a method of determination of the equilibrium pressure of air dissolved in viscose by microscopic measurements of the dissolving speed of nitrogen bubbles is described. The Experimental results are reported.

1 *Einleitung*

Bei der Herstellung von Betriebsviskosen kann nicht vermieden werden, daß Luft in die Viskose gelangt. Obwohl der Sauerstoff zum größten Teil von den in der Viskose enthaltenen reduzierenden Verbindungen verbraucht wird, sehen wir es nicht als unrichtig an, die aus der Luft stammenden, in der Viskose enthaltenen Gase als Luft zu bezeichnen. Die Herkunft dieser Gase wird dadurch am besten ausgedrückt.

Bekanntlich kann die Luft teils in Bläschenform in der Viskose vorhanden, teils in dieser gelöst sein. In nicht entlüfteten Viskosen sind stets beide Formen nebeneinander vorhanden. Während die Menge der Luftbläschen vor allem von mechanischen Faktoren bei der Viskoseherstellung abhängt [1, 2], wird die Konzentration der gelösten Luft durch die Temperatur, den Druck und die Viskosezusammensetzung bestimmt. Die Konzentration der gelösten Luft nähert sich um so schneller der entsprechenden Gleichgewichtskonzentration, je größer die Grenzfläche zwischen der gasförmigen und flüssigen Phase ist, mit anderen Worten, je mehr und je kleinere Bläschen in der Viskose enthalten sind. Unter normalen Betriebsbedingungen wird die Gleichgewichtskonzentration der gelösten Luft meist nicht erreicht, da die Lösungs- und Entbindungsgeschwindigkeit von Luft in Viskose niedrig ist [2]. Man kann daher die Konzentration der gelösten Luft nach den gegebenen äußeren Bedingungen, trotz der Gültigkeit des *Henri*schen Gesetzes, nur sehr schwer abschätzen.

Dispergierte Luftbläschen in Spinnviskose sind immer schädlich und führen zu Spinnschwierigkeiten und Qualitätsverlust. Molekular gelöste Luft ist nach unseren experimentellen Erfahrungen an Supercordviskose und Reyonviskose unschädlich, sofern die kritische Konzentration nicht überschritten wird. Dies tritt dann ein, wenn der Gleichgewichtsdruck der gelösten Luft größer wird, als der Druck, dem die Viskose auf ihrem Weg zur Spinndüse ausgesetzt ist. Mit Gleichgewichtsdruck ist jener Druck gemeint, der bei gegebener Viskosezusammensetzung und Temperatur mit der vorhandenen Konzentration der gelösten Luft im Gleichgewicht steht.

Auch für den Entlüftungsvorgang selbst ist ein niedriger Gleichgewichtsdruck der gelösten Luft in der entlüfteten Viskose vorteilhaft. Es bleiben zum Beispiel nach der klassischen Entlüftung in den oberen Kesselschichten meist Mikrobläschen infolge ihrer geringen Auftriebsgeschwindigkeit zurück. Diese lösen sich nach Wegnahme des Vakuums in der Viskose um so schneller, je niedriger der Gleichgewichtsdruck der gelösten Luft ist. Auch bei der kontinuierlichen Vakuumentlüftung kann der Gehalt an gelöster Luft wichtig sein. Es ist zum Beispiel die Schaumentwicklung bei einer viel gelöste Luft enthaltenden Viskose größer.

Bei der Beurteilung des Entlüftungsgrades von Viskosen ist es daher notwendig, neben der Bestimmung des Gehaltes an Bläschen auch die gelöste Luft in der Viskose zu berücksichtigen. Voraussetzung richtiger Ergebnisse ist die Anwendung geeigneter Methoden, mit denen wir uns näher befaßt haben.

Erklärung der verwendeten Symbole

Luft (g)	gasförmige Luft
d_1, d_2	Bläschendurchmesser beim Druck P [cm]
D	Bläschendurchmesser
d_k	kritischer Bläschendurchmesser [cm]
K, K'', K'''	Konstanten
P	Druck in der Viskoseleitung [at]
P_k	Viskosedruck im Meßkopf des konduktometrischen Bläschenzählgerätes [at]
P_0	Gleichgewichtsdruck der gelösten Luft in Viskose, d. h. der Druck, bei dem die Löslichkeit von Luft, der gegebenen Konzentration der gelösten Luft entsprechen würde
R	elektrischer Widerstand
ϱ_E	spezifischer Widerstand der Viskose
t	Lösedauer der Bläschen [min]
τ	Strömungsdauer der Viskose von der Meßstelle bis zur Düse [min]
V	Bläschenvolumen

2 *Die Bestimmung dispergierter Luft in Viskose*

Bei der Auswahl von Methoden zur Bestimmung dispergierter Luft in Viskose muß man grundsätzlich zwischen unentlüfteter Viskose und Spinnviskose unterscheiden.

2.1 Die Bestimmung in unentlüfteter Viskose

Für Viskosen mit einem Luftgehalt von 1 ml/l bis etwa 100 ml/l Luft (g), sind verschiedene Methoden von hinreichender Genauigkeit bekannt. So zum Beispiel die Bestimmung der Volumensänderung der Viskose nach der spontanen Entlüftung im Meßzylinder oder nach deren Entlüftung durch Zentrifugieren oder mittels Ultraschall [3], die Bestimmung des scheinbaren spezifischen Gewichtes und die Volumensänderung nach Druckerniedrigung [4, 5, 6] beziehungsweise Druckerhöhung [7].

2.2 Die Bestimmung in Spinnviskose

Viel schwieriger ist die Bestimmung bei Spinnviskosen. Das Volumen der Restbläschen ist hier sehr gering, und außerdem sind diese meist nicht homogen in der Viskose verteilt. So können zum Beispiel bei klassisch entlüfteten Viskosen in den oberen Kesselschichten mehr Bläschen vorhanden sein. Beim Einsaugen von Luft an undichten Stellen (Ventile, Pumpen u. ä.) wird die Verteilung der Restbläschen in der Viskose noch unübersichtlicher, so daß deren analytische Erfassung besondere Meßmethoden erfordert.

Tabelle 1. Vergleich des Spinnverlaufes mit dem scheinbaren Luftgehalt der Viskose, bestimmt nach [4] (dilatometrische Vakuummethode)

Probe	Viskose	Scheinbarer Luftgehalt [ml/l]	Spinnverlauf
1	Cord	0,02	gut
2	,,	0,08	schlecht
3	,,	0,18	gut
4	,,	0,26	gut
5	Reyon	0,03	gut
6	,,	0,06	schlecht
7	,,	0,17	gut
8	,,	0,28	gut

Zur Bestimmung von Bläschen in Spinnviskosen scheidet zum Beispiel die Methode nach *Perepelkin* [6] aus, da deren Erfassungsbereich über 1 ml Gas/l Viskose liegt. Außerdem besitzt sie den Mangel, der allen Vakuummethoden eigen ist [4, 5, 8]. Bei diesen Methoden tritt nach Druckerniedrigung neben der den Gasgesetzen entsprechenden Volumensvergrößerung auch eine Abscheidung gelöster Luft ein. Die Abscheidungsgeschwindigkeit der gelösten Luft ist dabei abhängig von ihrem Gleichgewichtsdruck, der Größe und Zahl der Restbläschen [2], sowie vom Vorhandensein von Desorptionszentren (nichtnetzender Partikel, Hahnschmierung u. ä.) Die Volumensänderung ist daher zeitabhängig und wird nicht allein vom Gehalt an dispergierten Bläschen bestimmt.

Eigene langjährige Erfahrungen mit der dilatometrischen Vakuummethode nach [4, 8] haben gezeigt, daß der mit diesen Methoden gefundene scheinbare Luftgehalt nicht mit den Spinnergebnissen im Zusammenhang steht. Die Messungen wurden stets mit Sorgfalt durchgeführt, und auf richtige Probenahme und Temperaturkonstanz während der Messungen wurde besonderer Wert gelegt. Einige Meßergebnisse sind in Tabelle 1 wiedergegeben.

Aus den angeführten Gründen können die dilatometrischen Vakuummethoden weder als exakte noch als relative Methoden zur Bestimmung von dispergierter Luft in Viskose angesehen werden. Aber auch die Methode nach *Demus* [7] kann für Spinnviskosen nicht benutzt werden. Erstens ist die Empfindlichkeit dieser Methode zu gering, und zweitens wird bei der angegebenen Vorschrift die Zusammendrückbarkeit der luftfreien Viskose zwar in Betracht gezogen, jedoch nicht genügend berücksichtigt, daß diese von verschiedenen Faktoren, wie Viskosezusammensetzung, Reifegrad und Temperatur beeinflußt wird, was bei exakten Messungen nicht übergangen werden darf. Es hat sich daher als notwendig erwiesen, neue Methoden zur Bestimmung von dispergierter Luft in Spinnviskose zu entwickeln.

2.3 Vorschlag neuer Methoden zur Bestimmung dispergierter Luft in Spinnviskose

2.3.1 Modifizierte Methode nach Demus [13]

Unter Beibehaltung des Prinzips der genannten Methode haben wir deren Durchführung in der Weise verbessert, daß das Meßgefäß in einem eisernen Druckgefäß untergebracht wird (siehe Bild 1), wodurch die Dilatation des Glasgefäßes unter Druck ausgeschaltet wird. Dies ermöglicht die Verwendung von Meßkapillaren bis zu einem Durchmesser von etwa 0,06 cm, wodurch die Erfassungsgrenze der Methode bedeutend verbessert wird (Bild 2).

Um auch die veränderliche Zusammendrückbarkeit der Viskose zu berücksichtigen, bestimmt man die Volumenänderung bei zwei verschiedenen Drücken (2 at

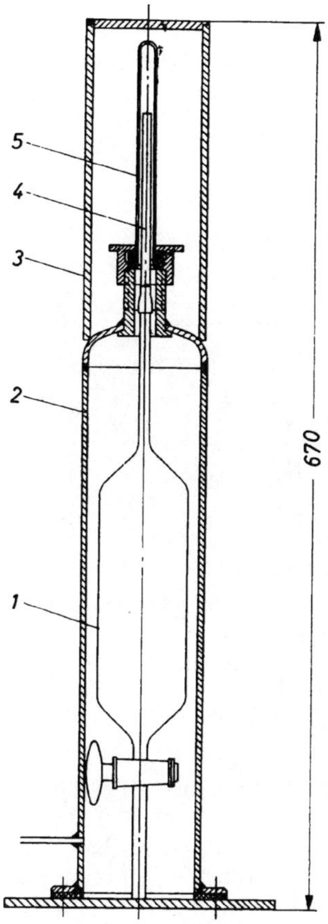

Bild 1. Meßvorrichtung zur modifizierten Methode nach *Demus*

1 gläsernes Meßgefäß
2 eisernes Druckgefäß
3 Schutzhaube aus Plexiglas
4 Meßkapillare
5 gläsernes Schutzrohr

und 3 at). Die Berechnung erfolgt dann nach der Gleichung:

$$\text{ml/l Luft (g)} = \frac{3 \cdot (v_3 - v_2)}{A} \cdot 1000. \quad (1)$$

A Volumen des Meßgefäßes [ml],
v_2 Volumenänderung, abgelesen in der Meßkapillare bei 2 at [ml],
v_3 Volumenänderung, abgelesen in der Meßkapillare bei 3 at [ml].

Beobachtet man bei der Durchführung die genaue Einstellung des Druckes (am besten mittels Hg-Manometer), Temperaturkonstanz der Viskose und möglichst kurze Druckeinwirkung (maximal 1 min), wegen der Löslichkeit der Bläschen unter Druck, kommt man zu exakten Ergebnissen.

Obwohl wir die beschriebene Methode als die einzig brauchbare volumetrische Methode zur Luftbestimmung in Spinnviskosen betrachten, ist ihre Empfindlichkeit (0,002 ml/l ± 0,002 ml/l) doch zu gering, um stets eindeutige Aussagen über den Restluftgehalt in Spinnviskosen liefern zu können. Nur wenn ein Luftgehalt über 0,004 ml/l gefunden wird, enthält die untersuchte Viskose

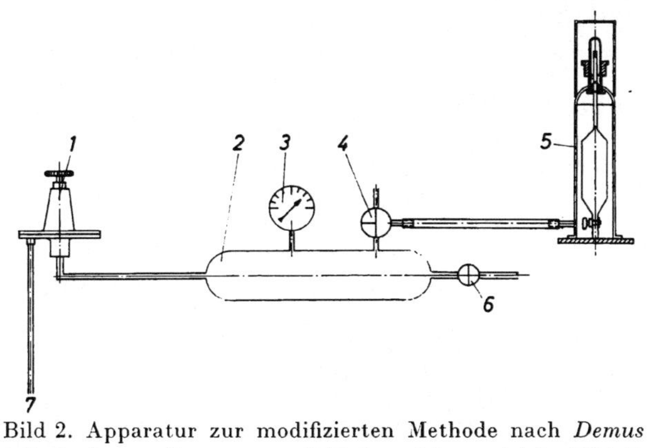

Bild 2. Apparatur zur modifizierten Methode nach *Demus*

1 Reduzierventil
2 Puffergefäß für die reduzierte Druckluft
3 Manometer
4 Dreiweghahn
5 Meßvorrichtung (siehe Bild 1)
6 Hahn zur Regulierung des Druckes im Falle, daß kein Reduzierventil zur Verfügung steht
7 Zuleitung der Druckluft

Tabelle 2. Vergleich des Spinnverlaufes mit dem Luftgehalt von Spinnviskosen, bestimmt mit der modifizierten Methode nach Demus

(Die Viskosen sind mit jenen in Tabelle 1 identisch)

Probe	Viskose	Luftgehalt [ml/l]	Spinnverlauf
1	Cord	0,003	gut
2	„	0,002	schlecht
3	„	0,004	gut
4	„	0,003	gut
5	Reyon	0,002	gut
6	„	0,003	schlecht
7	„	0,001	gut
8	„	0,004	gut
9	„	0,008	schlecht

Probe 9 ist eine Versuchsviskose.

dispergierte Luft. Bei allen unterhalb der Erfassungsgrenze liegenden Ergebnissen bestehen zwei Möglichkeiten:

1. die Viskose ist vollkommen entlüftet, oder
2. die Viskose enthält noch schädliche Restbläschen.

Unter Benutzung der genannten Methode haben wir bei normalen Betriebsviskosen nie Luftgehalte über 0,004 ml/l feststellen können. Einige Meßergebnisse sind in Tabelle 2 zusammengestellt. Sie beweisen, daß mittels der modifizierten Methode bei über 0,004 ml/l ein Zusammenhang mit dem Spinnergebnis gefunden wird, bei Werten unter 0,004 ml/l die Methode jedoch nicht aussagekräftig ist.

In diesem Zusammenhang wollen wir darauf hinweisen, daß die üblichen Literaturangaben, die für Spinnviskosen Luftgehalte von 0,02 ml/l und mehr zulassen, unseres Erachtens nach als falsch angesehen werden müssen. Der Beweis dafür ist leicht zu erbringen, wenn man die Zahl der diesem Volumen entsprechenden Bläschen errechnet. Dem Volumen 0,02 ml entsprechen:

Bläschenzahl	Bläschendurchmesser
38	1 mm
4800	0,2 mm
38000	0,1 mm
304000	0,05 mm

Ein solcher Luftgehalt, aber auch noch jener bei der maximal mit volumetrischen Methoden erreichbaren Empfindlichkeit 0,004 ml/l, müßte mit freiem Auge noch erkennbar sein. Dies ist jedoch bei Spinnviskosen, richtige Probenahme vorausgesetzt, nie der Fall. Außerdem müßte man bei dem in der Literatur zugelassenen Luftgehalt bereits erhebliche Spinnschwierigkeiten erwarten.

Aus dem Gesagten geht eindeutig hervor, daß volumetrische Methoden zur Beurteilung des Luftgehaltes von Spinnviskosen ungeeignet sind. Neben ihrer zu geringen Empfindlichkeit stellt auch die Probenahme selbst, bei unhomogener Verteilung der Bläschen (siehe 1), ein praktisch unlösbares Problem dar.

Nachdem mittels der modifizierten Methode nach *Demus* bewiesen wurde, daß der Luftgehalt von Spinnviskosen normal unterhalb der Erfassungsgrenze volumetrischer Methoden liegt, haben wir eine neue Methode zur Luftbestimmung in Spinnviskosen ausgearbeitet. Wir wählten eine Methode, bei der die Bläschenzahl und Bläschengröße gemessen wird, da nur dieses Prinzip eine genügende Empfindlichkeit gewährleistet.

2.3.2 Die Luftbestimmung in Spinnviskosen mittels Bläschenzählapparaten

2.3.2.1 Konduktometrische Methode

Bei der konduktometrischen Methode wird die Viskose unverdünnt durch eine Lochöffnung geleitet und mit einer Meßeinrichtung die Änderung des elektrischen Widerstandes verfolgt, die beim Durchtritt der einzelnen Bläschen hervorgerufen wird. Dadurch ist es möglich, einzelne Bläschen zu erfassen und gleichzeitig ihre Größe abzuschätzen, da die Widerstandsänderung direkt proportional dem Bläschenvolumen ist.

Die Widerstandsänderung beträgt [14]:

$$R = K \cdot \varrho_E \cdot \frac{V}{D^4}\,. \qquad (2)$$

Erst bei Bläschen, deren Durchmesser größer ist als etwa 30% des Lochdurchmessers, treten Abweichungen auf. Um alle schädlichen Bläschen erfassen zu können, muß die Meßeinrichtung so eingestellt werden, daß alle über dem kritischen Durchmesser liegenden Bläschen erfaßt werden. Kleinere Bläschen müssen nicht beachtet werden, da sie bei dem vor der Spinndüse herrschenden Druck rechtzeitig gelöst werden, noch bevor sie in die Düse gelangen. Der kritische Durchmesser kann mit Hilfe der Gleichung (3) für die jeweiligen Meßbedingungen berechnet werden [2]:

$$d_k^2 = K''' \cdot \tau \cdot \sqrt[3]{\frac{P - P_0}{P \cdot P_k^2}}\,. \qquad (3)$$

Der kritische Durchmesser d_k liegt meist zwischen 50 μm und 200 μm. Da der äquivalente Durchmesser von Gelteilchen in normalen Spinnviskosen bedeutend geringer ist als der kritische Bläschendurchmesser, ist ein Einfluß von Gelteilchen auf die Messungsergebnisse nicht zu befürchten. Die zur Messung benötigte Apparatur entspricht im Prinzip jener eines Coulter Counters [12, 15], die der Messung mit unverdünnter Viskose angepaßt sein muß. Die Zusammenstellung der von uns verwendeten Apparatur ist in Bild 3 und 4 wiedergegeben. Die Viskose gelangt aus der Filterkerze *B* in den Meßkopf *A*. Der Teil der Viskose, in dem die Bläschenzahl bestimmt wird, geht in Pfeilrichtung in das Auffanggefäß *C*, der Rest fließt bei *K* ab und verhindert, daß Gasbläschen, die an der als Kathode verwendeten Elektrode *4* entstehen, in die Lochöffnung gelangen können.

Für die Luftbestimmung in Viskose eignen sich Lochdurchmesser von etwa 300 bis 800 μm. Ihre optimale Größe ist abhängig vom kritischen Bläschendurchmesser und von der Empfindlichkeit der Meßeinrichtung. Je größer der kritische Bläschendurchmesser und je höher die Empfindlichkeit der verwendeten Meßeinrichtung, um so größer kann der Lochdurchmesser gewählt werden, was natürlich vorteilhaft ist, da man eine größere Durchflußgeschwindigkeit der Viskose bekommt.

Die von uns benutzte Meßeinrichtung ist in Bild 5 wiedergegeben. Die verstärkten Impulse wurden als ballistische Ausschläge eines Spiegelgalvanometers mit Photoregistriereinrichtung verfolgt. Als Spiegelgalvanometer diente ein Gerät der Fa. Kipp-Zonen (10^{-7} A/mm/m, 0,2 s). Bei einem Lochdurchmesser von 750 μm betrug der Galvanometerausschlag für Bläschen von 100 μm 0,9 cm. Die Kalibration führten wir mit Viskose durch, der Sandpartikel bestimmter Größe zugesetzt wurden. (Die einzelnen Größenfraktionen wurden mittels Normalsiebe getrennt.) Für störungsfreie Messungen war eine gute Abschirmung des Gerätes Voraussetzung. Außerdem war es wichtig, daß keine größeren Druckschwankungen im Meßkopf auftraten, da diese sich als Galvanometerausschläge bemerkbar machten. Die Messungen waren daher nur möglich, wenn dem Meßkopf eine Förderpumpe (Spinnpumpe) vorgeschaltet war.

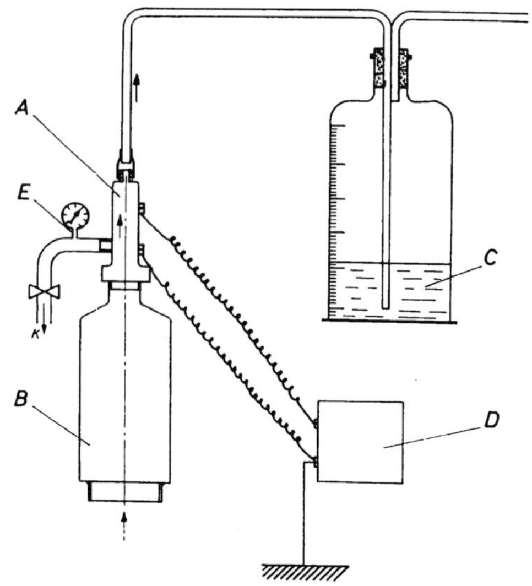

Bild 3. Meßeinrichtung zur Bestimmung der Bläschenzahl in Viskose

A Meßkopf — D Partikelzählgerät
B Filterkerze — E Manometer
C Meßzylinder — K Viskoseabfluß

Einige Ergebnisse, die wir in der Cordspinnerei an einer Spinnstelle erzielten, sind in Bild 6 wiedergegeben.

2.3.2.2 Optische Methode

Bei dieser Methode wird die Viskose kontinuierlich (etwa 100 ml/min) direkt aus einer Viskoserohrleitung, von der Filterkerze oder aus einer Filterpresse, durch eine Durchflußküvette geleitet (Durchmesser und Breite der Küvette etwa 4 cm bzw. 1 cm). Die Viskosereinheit wird mittels eines Projektionsapparates verfolgt, dessen Vergrößerung so gewählt werden muß, daß die kritischen Luftbläschen noch eindeutig erfaßt werden können. (Sie beträgt unter normalen Bedingungen 10× bis 20×.) Der kritische Bläschendurchmesser wird in derselben Weise wie unter 2.3.2 angegeben berechnet. Es gilt die Regel, je länger die Strömungsdauer der Viskose von der Meßstelle bis zur Spinndüse ist, um so geringer kann die Vergrößerung gewählt werden, bzw. um so größer erscheinen die kritischen Bläschen bei konstantem Vergrößerungsverhältnis.

Der Luftgehalt der Viskose wird am einfachsten visuell durch Auszählen der Bläschen in verschiedenen Größengruppen bestimmt. Gegenüber der kondukto-

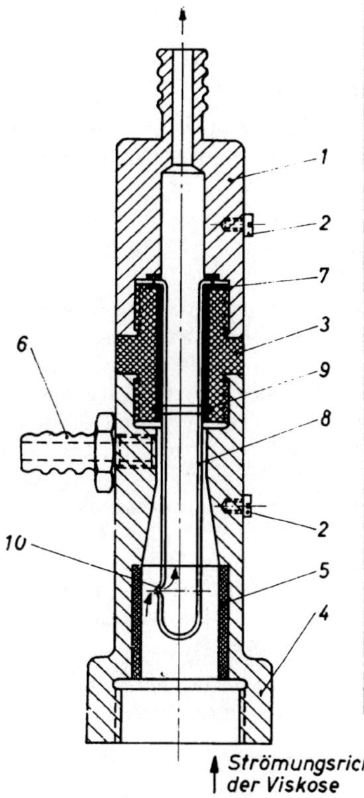

Bild 4. Meßkopf zum Bläschenzählgerät

1 Oberteil aus nichtrostendem Stahl (innere Elektrode)
2 Schrauben zur Befestigung der elektrischen Zuleitung
3 Mittelstück aus nichtleitendem Material
4 Unterteil aus nichtrostendem Stahl (äußere Elektrode)
5 Einlage aus nichtleitendem Material
6 Ablauf der überschüssigen Viskose
7 Dichtungsringe aus Gummi
8 Meßröhrchen mit kalibrierter Öffnung 10
9 Gummiring

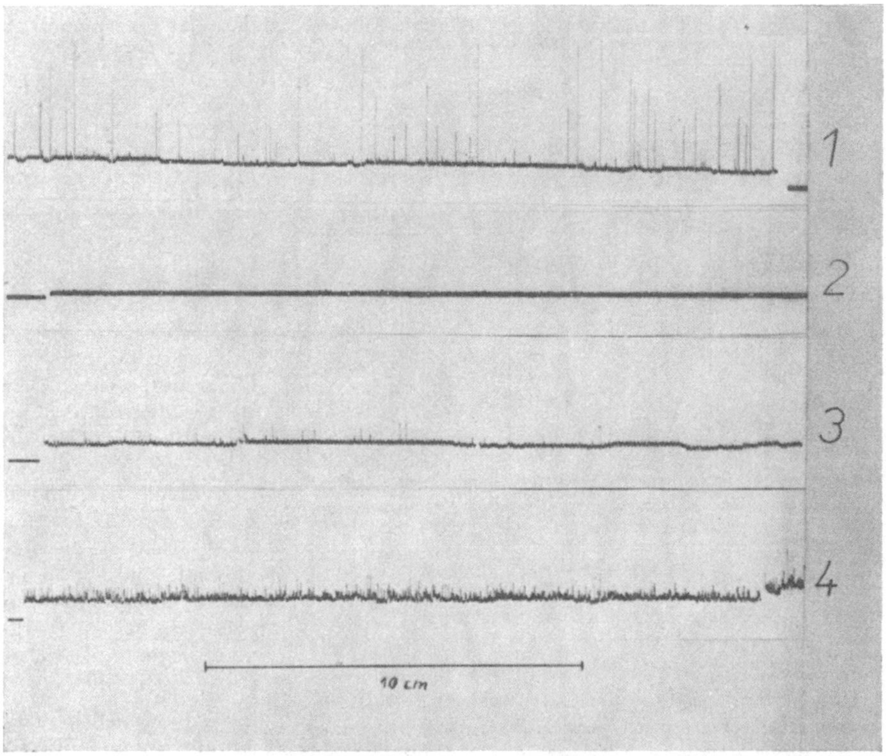

Bild 6. Meßergebnisse mit dem konduktometrischen Bläschenzählgerät

1 Viskose nach dem Filterkerzenwechsel
2 gut entlüftete, reine Viskose
3 lufthaltige Viskose, durch undichte Kessel hervorgerufen
4 Luftfreie, Schmutzpartikel enthaltende Viskose, hervorgerufen durch Durchbruch des Filtermaterials der Filterkerze

Bem.: Meßstelle — Filterkerze an der Spinnstelle
Durchflußgeschwindigkeit der Viskose 30 ml/min

⟷ 1,5 cm entspricht 1 Minute

↕ 1,0 cm entspricht 80 μm Bläschendurchmesser

metrischen hat die optische Methode mehrere Vorteile. Man kann die Partikel direkt beobachten, also eindeutig feststellen, ob es sich um Bläschen, Gelteilchen oder andere Verunreinigungen handelt. Die benötigte Apparatur (Bild 7) ist im Vergleich zur konduktometrischen Methode viel einfacher und die Bestimmung kann daher auch von Hilfslaboranten leicht durchgeführt werden. Im Vergleich zur konduktometrischen Methode ist die Kalibration bedeutend leichter — es genügt, die Vergrößerung der Projektionseinrichtung zu bestimmen. Die Apparatur ist keinen Störungsmöglichkeiten ausgesetzt wie die konduktometrische, und die Empfindlichkeit der optischen Luftbestimmungsmethode und der konduktometrischen Methode kann etwa gleichgesetzt werden.

Obwohl wir nach unseren Erfahrungen die optische Methode als die geeignetste Betriebsmethode zur Luftbestimmung in Spinnviskose ansehen, halten wir es

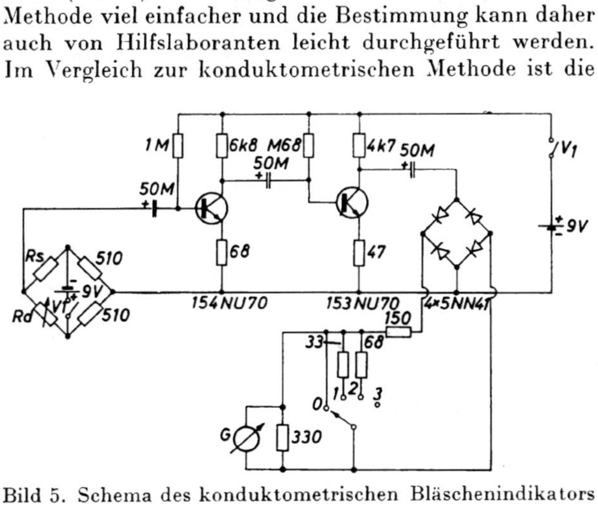

Bild 5. Schema des konduktometrischen Bläschenindikators

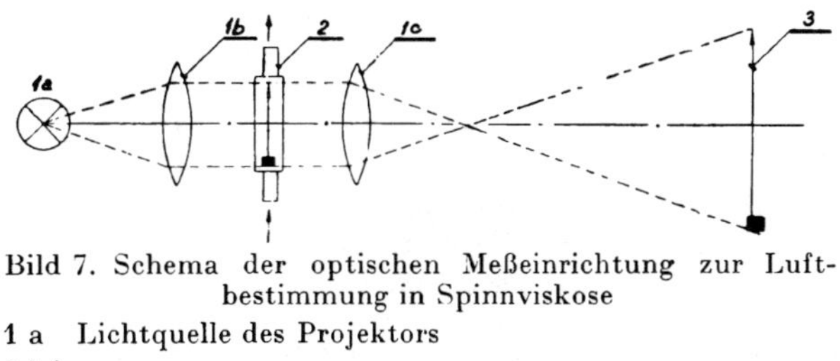

Bild 7. Schema der optischen Meßeinrichtung zur Luftbestimmung in Spinnviskose

1 a Lichtquelle des Projektors
1 b } Optik der Projektors
1 c }
2 Durchflußküvette für die untersuchte Viskose
3 Bildschirm, auf dem die Messung durchgeführt wird

Tabelle 3. Vergleich des Luftgehaltes in Spinnviskosen mit verschiedenen Methoden

Spinnviskose	Luftbestimmung			
	dilatometrisch [ml/l]	modif. Methode nach *Demus* [ml/l]	konduktometrisch x	optisch x
1 normal	0,25	0,040	0	0
2 normal	0,13	0,001	0	0
3 schlecht entlüftete Filterpresse	0,22	0,003	52	48
4 undichtes Ventil im Spinnkessel	0,26	0,004	14	15

x = Anzahl der Bläschen mit einem Durchmesser über 100 μm pro Liter Viskose

wegen ihrer Einfachheit an dieser Stelle nicht für notwendig, diese Methode noch näher zu kommentieren.

2.3.2.3 Bewertung des Luftgehaltes in Spinnviskosen

Wie aus dem Vergleich der Luftbestimmung mit verschiedenen Methoden aus Tabelle 3 hervorgeht, gelten für die dilatometrische Luftbestimmungsmethode und die modifizierte Methode nach *Demus* die in 2.2 und 2.3.1 gemachten Feststellungen. Die optische und die konduktometrische Methode bewiesen, daß in normaler Spinnviskose der Luftgehalt unter 10^{-7} ml/l liegt. Bei luftblasenhaltiger Spinnviskose, wie sie zum Beispiel bei Entlüftungsstörungen oder schlechter Entlüftung von Filterpressen im Großbetrieb vorkommen kann, sind nur die optische und die konduktometrische Methode genügend empfindlich, um den Luftgehalt dieser Viskosen bestimmen zu können.

3 Die Bestimmung gelöster Luft in Spinnviskose

Zur Bestimmung der gelösten Luft in Spinnviskosen sind verschiedene Methoden bekannt [6, 9, 10]. Sie haben jedoch den Nachteil, daß die benötigte Apparatur oder die Durchführung der Messung selbst sehr kompliziert sind. Nur die Methode nach *Perepelkin* [6] ist verhältnismäßig einfach. Wegen ihrer geringen Empfindlichkeit liefert sie jedoch bei niedrigem Luftgehalt weniger brauchbare Ergebnisse.

Alle bisher bekannten Methoden beruhen auf dem Prinzip, daß die gelöste Luft durch Auskochen, meist unter Vakuum, aus der Viskose ausgetrieben wird und man dann das Volumen der abgeschiedenen Gase bestimmt.

Wie wir bereits in 1 erwähnten, kann der Gehalt der Viskose an gelöster Luft auch als Gleichgewichtsdruck ausgedrückt werden. Zu dessen Messung haben wir eine verhältnismäßig einfache Methode entwickelt, die wir im folgenden wiedergeben wollen.

3.1 Eine neue Methode zur Bestimmung der gelösten Luft

3.1.1 Prinzip

Die Lösungsgeschwindigkeit von Stickstoffbläschen in der untersuchten Viskose ist abhängig vom Gehalt der Viskose an gelöster Luft. Es besteht die Beziehung [2]:

$$t = K''' \cdot \frac{P}{P - P_0} \cdot (d_1^2 - d_2^2). \quad (4)$$

Beobachtet man die Volumensänderung eines Bläschens zwischen zwei konstanten Durchmessern, so wird $d_1^2 - d_2^2$ = konstant, und man kann Gleichung (4) nach Umformung schreiben:

$$\frac{1}{t} = K \cdot \frac{P_0}{P} - K. \quad (5)$$

Nach Gleichung (5) ist der reziproke Wert von t linear proportional dem Wert $1/P$, wobei P der Druck ist, bei dem die Volumensänderung des Bläschens von d_1 auf d_2 gemessen wird. Der Gleichgewichtsdruck der gelösten Luft P_0 kann leicht grafisch gefunden werden, wenn man t bei mindestens zwei verschiedenen Drücken mißt, die Werte für $1/t$ und $1/P$ als Ordinate beziehungsweise Abszisse in einem linearen Koordinatensystem aufträgt und durch beide Punkte eine Gerade führt. Der Schnittpunkt dieser Geraden mit der Abszissenachse ergibt den Wert für $1/P_0$. Die Messung kann an verschiedenen Bläschen oder vorteilhafter an einem einzigen Bläschen ausgeführt werden.

Da der Druck, dem das Testgas im Bläschen ausgesetzt ist, durch den Außendruck P, die Oberflächenspannung $P_0 = \frac{2 \cdot \sigma}{r}$ und die Dampfspannung der Viskose bestimmt wird, ist der am Manometer abgelesene Druck P_m entsprechend zu korrigieren:

$$P = P_m + P_\sigma - P_t \quad (6)$$

(P_t = Dampfspannung der Viskose)

Bei geeigneter Wahl von d_1 und d_2 kann man erreichen, daß $P_\sigma \approx P_t$ wird und daher P gleich dem vom Manometer angezeigten Druck P_m gesetzt werden kann.

3.1.2 Apparatur

Die von uns verwendete Apparatur ist in Bild 8 wiedergegeben. Die untersuchte Viskose befindet sich im Versuchsröhrchen *2* (Länge ca. 15 cm, Durchmesser 4 mm, Wandstärke 0,5 bis 0,8 mm). Das Röhrchen ist beiderseitig an die Druckleitung (bzw. Vakuumleitung) angeschlossen und in einer Wanne, die als Thermostat dient, befestigt. Die Lage des Röhrchens muß möglichst genau horizontal sein. Zur Beobachtung der Bläschen diente ein Mikroskop *1* (MEOPTA) mit 80-facher Vergrößerung. Die Bläschendurchmesser wurden mit einem Okularmikrometer gemessen, Druck und Vakuum mittels Hg-Manometern.

3.1.3 Durchführung der Messung

Die Probenahme der Viskose muß so geschehen, daß dabei keine Luftbläschen in die Viskose eingerührt werden. In etwa 100 ml der Probe führt man aus einer Stickstoffflasche mittels einer Glaskapillare ein 2 bis 5 mm großes Stickstoffbläschen ein. Dieses wird sofort durch Rühren (Vorsicht, damit keine Luft mit eingerührt wird.) in kleine Bläschen zerteilt. Die Kleinsten, eben noch sichtbaren Bläschen sind gerade für

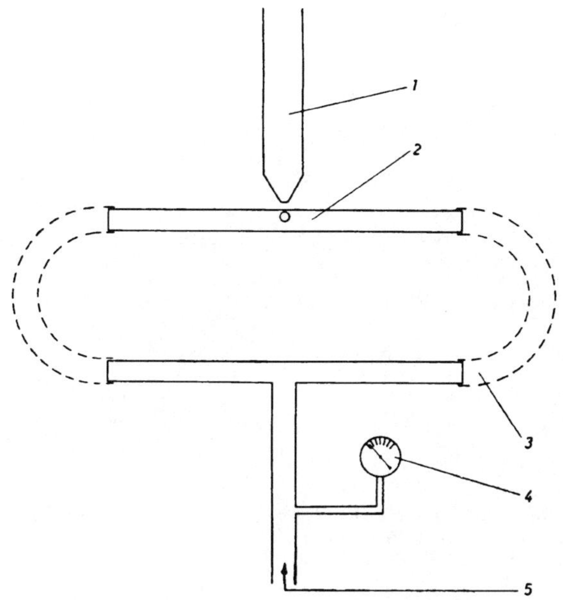

Bild 8. Meßapparatur

1 Mikroskop
2 Versuchsröhrchen
3 Verbindungsschlauch
4 Manometer
5 Zuleitung der Druckluft

die Messung geeignet. Man wartet ab, bis sich die größeren Bläschen durch ihren schnelleren Auftrieb von den kleinsten Bläschen entfernen. Dann saugt man in das vorbereitete Glasröhrchen die Viskose ein, wobei man darauf achtet, daß einige der kleinsten Bläschen mit in das Röhrchen gelangen. Das Röhrchen wird mit Viskose so weit gefüllt, daß zu beiden Seiten etwa 1 cm freier Raum bis zum Rohrende verbleibt. Dann wird das Röhrchen beiderseitig mit der Vakuum- bzw. Druckleitung verbunden und genau horizontal in einem Wasserbad befestigt. Nach Temperierung im Wasserbad befinden sich die Bläschen meist bereits an der Oberseite des Röhrchens. Der Abstand der zur Messung ausgewählten Bläschen von den benachbarten soll mindestens 1 cm betragen, um eine gegenseitige Beeinflussung zu verhindern. Dann mißt man die Dauer, die zur Verkleinerung des Bläschens von d_1 auf d_2 benötigt wird, bei einem Druck $P_1 > P_0$, sodann die Dauer zur Vergrößerung desselben Bläschens von d_2 auf d_1 bei einem niedrigeren Druck $P_2 < P_0$. Die Messung kann man an ein und demselben Bläschen mehrere Male wiederholen, nachdem man das Bläschen mittels Druck oder Vakuum vor jeder Messung auf den gewünschten Durchmesser gebracht hat. Es ist dabei nur darauf zu achten, daß die Dampfspannung der Viskose nicht unterschritten wird, da dann Abweichungen auftreten können.

Aus mindestens zwei Versuchswerten wird grafisch P_0 bestimmt (siehe Anwendungsbeispiel).

3.1.4 Genauigkeit der Methode

Die Genauigkeit der Bestimmung des Gleichgewichtsdruckes P_0 nach der beschriebenen Methode betrug $\pm$ 2% (Standardabweichung). Einen Vergleich der Methode mit einer anderen bekannten Methode zur Be-

Tabelle 4. Abhängigkeit von P_0 in der entlüfteten Viskose von den Entlüftungsbedingungen

Entlüftungsbedingungen Abs. Druck [Torr]	Temperatur [°C]	Dauer [h]	P_0 gefunden [Torr]	Abweichung [Torr]	[%]
751	22	24	746	−5	−0,7
653	22	24	652	−1	−0,15
548	22	24	541	−7	−0,4
450	22	24	458	+8	+1,7
351	22	24	360	+9	+2,5
245	22	24	251	+6	+2,4

stimmung der gelösten Luft in Viskose haben wir nicht durchgeführt, sondern die Brauchbarkeit der neuen Methode an Viskoseproben untersucht, die wir unter konstantem absolutem Druck und bei konstanter Temperatur entlüfteten. Bei diesen Bestimmungen wurde vor der Entlüftung in die Viskose Luft eingerührt, so daß deren primärer Luftgehalt über 100 ml Luft/l Viskose betrug. Wie aus den in Tabelle 4 angeführten Ergebnissen ersichtlich ist, stimmt der mit der neuen Methode gefundene Gleichgewichtsdruck sehr gut mit dem theoretischen überein.

Im folgenden wollen wir die Bestimmung des P_0 noch an einigen Anwendungsbeispielen erläutern.

3.1.5 Anwendungsbeispiele

3.1.5.1 Bestimmung der Abhängigkeit des Gleichgewichtsdruckes P_0 von der Viskosetemperatur

Die Messungen wurden mit einem Mikroskop (MEOPTA) bei 80facher Vergrößerung mit Hilfe eines Okularmikrometers durchgeführt. Die Bläschendurchmesser d_1 und d_2 betrugen 8/80 mm bzw. 5/80 mm. Druck und Vakuum wurden mit einer Genauigkeit von $\pm$ 2 Torr gemessen.

Vakuum-entlüftete Viskose. Die Bestimmung wurde an normaler Betriebsviskose durchgeführt, deren Luftgehalt vor der Entlüftung 48 ml/l betrug. Die stark lufthaltige Viskose wurde 33 h bei 18°C unter Vakuum

Tabelle 5. Gleichgewichtsdruck bei vakuum-entlüfteter Viskose

Viskosetemperatur [°C]	Abs. Druck P [Torr]	Lösedauer t [min]	$\frac{1000}{P}$	$\frac{1000}{t}$	P_0 (berechnet) [Torr]
22	588	−161	1,70	−6,20	
22	385	−333	2,60	−3,00	
22	312	−910	3,20	−1,10	286
22	217	250	4,61	4,00	
22	185	143	5,40	7,00	
33	752	−137	1,33	−7,30	
33	415	−370	2,41	−2,70	333
33	221	145	4,52	6,90	
44	752	−156	1,33	−6,40	
44	316	263	3,16	3,80	409
44	238	101	4,20	9,90	
50	752	−111	1,33	−9,00	
50	556	−345	1,80	−2,90	513
50	408	130	2,45	7,70	

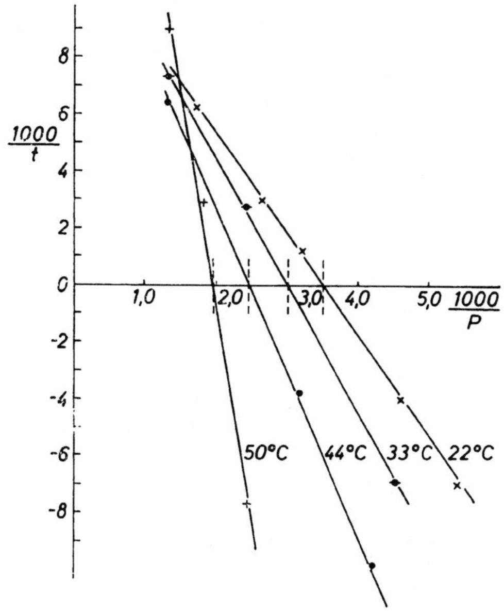

Bild 9. Abhängigkeit des Gleichgewichtsdruckes von der Viskosetemperatur bei vakuum-entlüfteter Viskose

bei 120 Torr entlüftet. Die Ergebnisse sind in Tabelle 5 und Bild 9 zusammengestellt.

Ohne Vakuum entlüftete Viskose. Die Bestimmung wurde an derselben Betriebsviskose, wie oben, durchgeführt. Die untersuchte, stark lufthaltige Viskose wurde vor der Messung 24 h bei 18°C und 752 Torr im Becherglas stehengelassen. Nach dieser Zeit war die Viskose frei von Luftblasen. Die Ergebnisse sind in Tabelle 6 und Bild 10 zusammengestellt.

3.1.5.2 Vergleich des P_0 bei zwei in verschiedenen Apparaten hergestellten Betriebsviskosen

Die Viskose *A* wurde in einem Simplex-Xanthatapparat hergestellt, während Viskose *B* in Baratten sulfidiert und in Turbolösern gelöst wurde. Beide Viskosen wurden unter den gleichen Bedingungen entlüftet (Vakuum 120 Torr, Temperatur 18°C und Füllhöhe im Entlüftungskessel 1,8 m).

Tabelle 6. Gleichgewichtsdruck bei ohne Vakuum entlüfteter Viskose

Viskose-temperatur [°C]	Abs. Druck P [Torr]	Lösedauer t [min]	$\frac{1000}{P}$	$\frac{1000}{t}$	P_0 (berechnet) [Torr]
22	2500	148	0,40	6,76	
22	1298	244	0,77	4,10	
22	645	−606	1,55	−1,65	775
22	485	−177	2,06	−5,65	
44	1960	154	0,51	6,50	
44	1192	357	0,84	2,80	
44	720	−312	1,39	−3,20	926
44	559	−127	1,79	−7,85	
50	1639	143	0,16	7,00	
50	1250	364	0,80	2,75	1054
50	820	−172	1,22	−5,80	

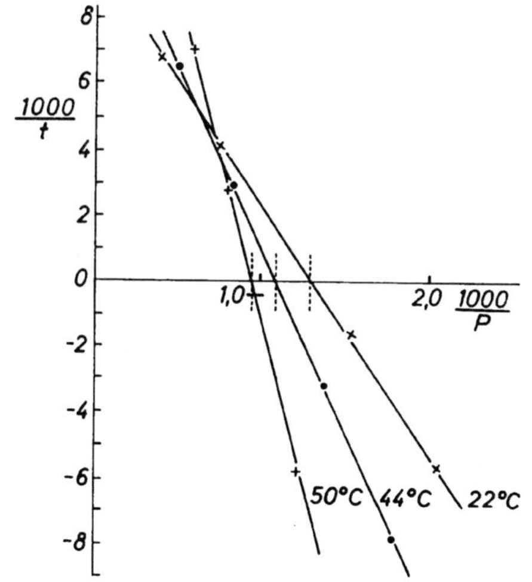

Bild 10. Abhängigkeit des Gleichgewichtsdruckes von der Viskosetemperatur bei ohne Vakuum entlüfteter Viskose

Die als Beispiele unter 3.1.5.1 angeführten Messungen zeigen, daß sich der Gleichgewichtsdruck P_0 bei Viskosen mit hohem primären Luftgehalt dem während der Entlüftung herrschenden Druck nähert und die Löslichkeit von Luft in Viskose mit steigender Temperatur abnimmt. Bei der klassischen Vakuumentlüftung von Viskosen mit geringem primären Luftgehalt erhält man stets einen höheren Gleichgewichtsdruck P_0 in der entlüfteten Viskose (Tabelle 7). Dies ist dadurch bedingt, daß die Entbindung von gelöster Luft während der Entlüftung nur an der Phasengrenzfläche zwischen Luft und Viskose, also vor allem an vorhandenen Bläschen, vor sich gehen kann.

4 Zusammenfassung

Zur Beurteilung des Entlüftungsgrades von Viskose ist es notwendig, sowohl die in Bläschenform dispergierte als auch die gelöste Luft zu beachten. Es wird vorgeschlagen, die Menge der gelösten Luft in Viskose als Gleichgewichtsdruck zu bestimmen, wobei als Gleichgewichtsdruck jener Druck zu verstehen ist, mit dem die in der Viskose gelöste Luft bei einer bestimmten Temperatur im Gleichgewicht steht. Die Güte der Entlüftung ist nicht durch die Menge der in der Viskose verbliebenen gelösten Luft charakterisiert, sondern durch deren Gleichgewichtsdruck. Dieser beeinflußt direkt die sogenannte Nachentlüftung, das heißt die Lösung von Restbläschen auf dem Wege der Viskose vom Spinnkessel zur Spinndüse.

Zur Bestimmung des Gleichgewichtsdruckes der gelösten Luft in Viskose wurde eine neue Methode ausgearbeitet, die sich durch eine besonders einfache Apparatur auszeichnet und auch die Messung der Temperaturabhängigkeit des Gleichgewichtsdruckes ermöglicht. Die Methode beruht auf einer mikroskopischen Messung der Lösegeschwindigkeit von Stickstoffbläschen.

Tabelle 7. Vergleich verschieden hergestellter Betriebsviskosen

Viskose	Primärer Luftgehalt	P_0 bei 22 °C nach der Entlüftung
A	48 ml/l	286 Torr
B	4 ml/l	590 Torr

Es wurde bewiesen, daß die bisher verwendeten Methoden zur Bestimmung der dispergierten Luft in Viskose für die Luftbestimmung in Spinnviskose nicht geeignet sind, und daß die bisherigen, häufig in der Literatur vorkommenden Angaben über den zulässigen Luftgehalt in Spinnviskosen von 0,01 ml/l und mehr auf die Anwendung falscher Bestimmungsmethoden zurückzuführen sind.

Es wird vorgeschlagen, zur Bestimmung der Menge von dispergierter Luft in Spinnviskosen Zählmethoden zu verwenden, bei denen einzelne Bläschen erfaßt werden können. Dazu eignen sich konduktometrische oder optische Bläschenzählapparate, mit denen gute Meßergebnisse erzielt werden. Nach den bisherigen Erfahrungen scheint der optische Bläschenzählapparat besser für die Betriebskontrolle geeignet zu sein, da mit diesem auch andere Verunreinigungen der Viskose identifiziert werden können.

Literatur

[1] *Götze, K.*, Chemiefasern nach dem Viskoseverfahren, Springer 1951.
[2] *Pečený, R.*, Faserforsch. u. Textiltechn. **13** (1962) 8, S. 344—347.
[3] *Dchen Wej Lu*, Dissertation Hochschule für Schwermaschinenbau Magdeburg 1961.
[4] AKU — Analytische Methode 1940.
[5] *Broadway, J. D.*, Pulp Paper Mag. Can. 57 (1956); Brecht, *W.*, und *Kirchner, U.*, Papier **15** (1961) 10a, S. 625—634.
[6] *Perepelkin, K. V.*, Chim. Volokna (Chem. Fasern) **2** (1960) S. 53—56.
[7] *Demus, H.*, Faserforsch. u. Textiltechn. **5** (1954) 4, S. 173—174.
[8] *Ilavský, M.*, Chem. Vlákna, Svit VÚCHV (1962) 4, S. 158 bis 167.
[9] *Stahn, R.*, Papier **15** (1961) 6, S. 229—231.
[10] *Burmann*, AKU — 215. 22, 1945.
[11] *Swimmerton, J. W.*, Analytic. Chem. V. **34** (1962) 4.
[12] *Kolos, F.*, Svensk Papperstidn. **64** (1961) 15, S. 533 bis 544.
[13] *Pečený, R.*, Chem. Vlákna, Svit VÚCHV, (1962) 6, S. 261 268.
[14] *Schudt, H. P.*, und *Reissmann, H. Chr.*, Wiss. Z. Hochsch. Elektrotechnik Ilmenau **8** (1962) 3.
[15] *Coulter, W. H.*, Amer. J. Clinical Path., December 1956.

Eingegangen am 17. Dezember 1963

Studien über die chemische Zusammensetzung der Baumwollfasern verschiedener Anbaugebiete[1]

Günther von Hornuff und Harald Richter
Technische Universität Dresden, Institut für Textilchemie

In memoriam Prof. Dr.-Ing. habil. Dr. rer. nat. h. c. Walter König

DK 677.21:543.061

(Schluß von Heft 3, S. 115—126)

4.5 Wachs der Baumwollfaser

Die Wachse wirken wegen ihrer Beständigkeit gegen Zersetzung und ihrer Unlöslichkeit in Wasser als Schutzmittel für Pflanzenoberflächen. Ihre Funktion besteht darin, Wasser abzuweisen und dessen Ein- oder Austritt zu verhindern. Neben dieser wichtigen Rolle während des Zellwachstums ist das Wachs der Baumwollfaser außerordentlich wichtig für die mechanische und chemische Verarbeitung. Die Anwesenheit von Wachs ist sehr günstig für Spinn- und Webprozesse; äußerst hinderlich ist es für die chemische Veredlung der Baumwollfasern, wie Färbeprozesse und alle ähnlich gearteten Operationen. Auf Grund der hydrophobierenden Wirkung des Wachses ist eine Benetzung und eine gute Saugfähigkeit (wichtig für die Druckerei!) des Fasermaterials nicht vorhanden. Früher glaubte man deshalb, um die eben genannten Eigenschaften zu erhalten, sei eine totale Entfernung der Wachsbestandteile von den Fasern unbedingt notwendig. Aber schon 1937 machte *Kollmann* in Wien [55] die Beobachtung, daß durchaus nicht immer eine weitgehende Entfernung des Baumwollwachses eine besonders gute Netzfähigkeit zur Folge haben muß.

Aus jüngster Zeit sind Untersuchungen bekannt, nach denen es sogar möglich ist, ein außerordentlich gut hydrophiles Material durch eine Natriumchloritbleiche zu erhalten, ohne daß der Wachsgehalt (Ätherextrakt) dabei wesentlich abnimmt [56]. Eine Deutung dieses zweifellos sehr widerspruchsvollen Verhaltens kann aber von keinem der Autoren gegeben werden.

Man kann also zusammenfassen: das Wachs der rohen, unbehandelten Baumwollfaser verhindert ihr Benetzen und Quellen und bereitet damit der Naßveredlung Schwierigkeiten. Es müssen deshalb entweder Prozesse durchgeführt werden, die das Wachs weitestgehend von der Faser ablösen (Beuche, alkalische Abkochung) oder es chemisch so verändern, daß seine hydrophobierende Wirkung verschwindet (Natriumchloritbleiche).

Da die Natriumchloritbleiche relativ jungen Datums ist und man somit früher auf die Wirkung einer alkalischen Behandlung zur Entfernung des Baumwollwachses angewiesen war, ist sehr viel experimentelle Arbeit aufgewendet worden, um die einzelnen Wachsbestandteile zu erkennen und die ablösende Wirkung solcher Prozesse zu erklären.

So ist heute für amerikanische und ägyptische Baumwolle bis auf einen kleinen Anteil qualitativ die Zusammensetzung des Wachses bekannt. Quantitative Angaben über die einzelnen Wachsbestandteile sind nur für amerikanische Baumwollen veröffentlicht worden, für ägyptische Baumwollen fehlen sie. Über das Wachs der sowjetischen Baumwollen ist in quantitativer und qualitativer Hinsicht nichts bekannt.

In Tabelle 16 ist eine Übersicht der heute bekannten Baumwollwachsbestandteile gegeben, zusammengestellt

[1]) Auszug aus der Dissertation von *H. Richter*, T. U. Dresden, Fakultät für Mathematik und Naturwissenschaften vom 8. 7. 1963.

Tabelle 16. Die chemische Zusammensetzung der Wachse von amerikanischen und ägyptischen Baumwollen

	Amerikanische Baumwolle		Ägyptische Baumwolle
	Mississippi-Delta [57]	Upland [58]	Sakellaridis [59]
Jahr der Veröffentlichung	1924	1923	1924
Wachsgehalt (bezogen auf wasserfreie Baumwolle)	0,49%	0,35%	—
Extraktionsmittel	Chloroform	Benzol	Chloroform
Lignocerylalkohol (Tetrakosanol) $C_{24}H_{49}OH$	—	frei und verestert	—
Cerylalkohol (Hexakosanol) $C_{26}H_{53}OH$	—	frei und verestert	frei und verestert, hauptsächlich: Montansäuremontanylester, Lignocerinsäuregossypylester, Melissinsäuregossypylester
Montanylalkohol (Oktakosanol) $C_{28}H_{57}OH$	frei und verestert	frei und verestert	
Gossypylalkohol (Triakontanol) $C_{30}H_{61}OH$	frei und verestert	frei und verestert	
Anmerkung: Hauptbestandteil in Baumwollwachsen			
Laccerol (Dotriokontanol) $C_{32}H_{65}OH$	frei und verestert	—	frei und verestert
(Tetratriakontanol) $C_{34}H_{69}OH$	frei und verestert	—	—
$C_{28}H_{56}(OH)_2$?	frei und verestert	—	—
Coccerylalkohol $C_{30}H_{60}(OH)_2$	frei und verestert	—	frei und verestert
β-Sitosterin $C_{29}H_{50}O$ 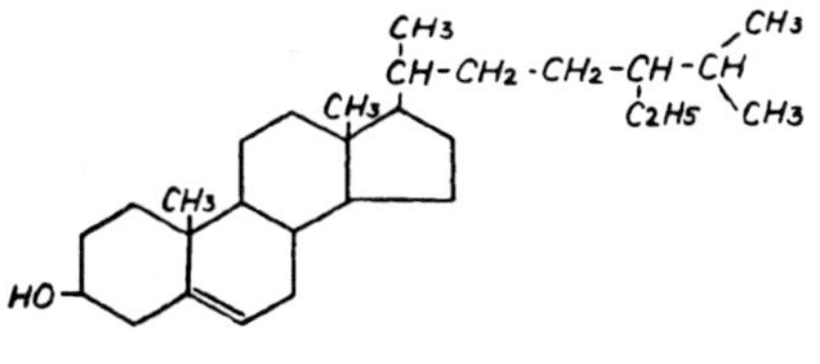		als Wachsbestandteil angegeben	als Wachsbestandteil angegeben
Lupeol [60] $C_{30}H_{50}O$ 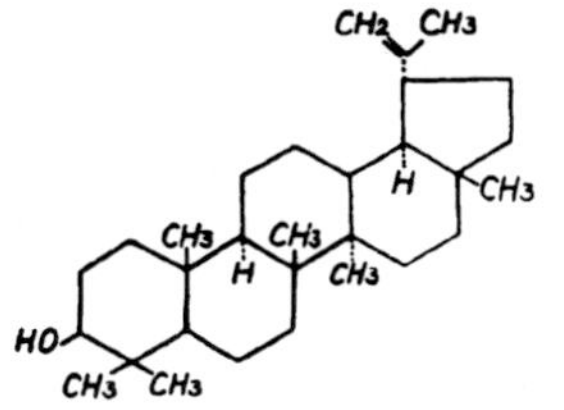	in freier Form oder in Kombination mit Lignocerinsäure, möglicherweise auch mit Palmitinsäure, Stearinsäure und Ölsäure		
α-Amyrin [60] $C_{30}H_{50}O$ 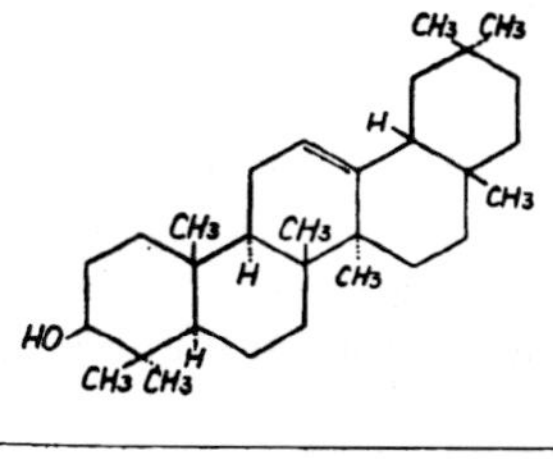	in freier Form oder in Kombination mit Lignocerinsäure, möglicherweise auch mit Palmitinsäure, Stearinsäure und Ölsäure	als Wachsbestandteil angegeben	als Wachsbestandteil angegeben

Tabelle 16 (Fortsetzung)

	Amerikanische Baumwolle		Ägyptische Baumwolle
	Mississippi-Delta [57]	Upland [58]	Sakellaridis [59]
β-Amyrin [60] $C_{30}H_{50}O$ 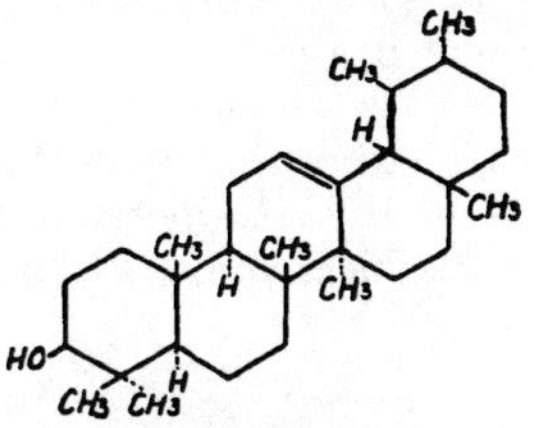	in freier Form oder in Kombination mit Lignocerinsäure, möglicherweise auch mit Palmitinsäure, Stearinsäure und Ölsäure	als Wachsbestandteil angegeben	als Wachsbestandteil angegeben
Unbekanntes Sterin $C_{34}H_{58}O$	als Wachsbestandteil angegeben	—	—
Ester von Harzsäuren mit Harzalkoholen	als Wachsbestandteil angegeben	—	als Wachsbestandteil angegeben
Palmitinsäure (Hexadecansäure) $C_{15}H_{31}COOH$	frei und als Ester (möglich auch in Kombination mit Sterinen)	frei und als Ester	frei und als Ester
Ölsäure (Octadecen-9-säure-1) $C_{17}H_{33}COOH$	frei und als Ester (möglich auch in Kombination mit Sterinen)	frei und als Ester	frei und als Ester
Stearinsäure (Octadecansäure) $C_{17}H_{35}COOH$	frei und als Ester (möglich auch in Kombination mit Sterinen)	frei und als Ester	frei und als Ester
Gadoleinsäure (9-Eikosansäure) $C_{19}H_{37}COOH$	—	—	frei und als Ester
Behensäure (Dokosansäure) $C_{21}H_{43}COOH$	—	—	frei und als Ester
Lignocerinsäure (Tetrakosansäure) $C_{23}H_{47}COOH$	frei und in Kombination mit Sterinen	als Ester	frei und als Ester
Montansäure (Oktakosansäure) $C_{27}H_{55}COOH$	frei und als Ester mit Wachsalkoholen	—	frei und als Ester (vorwiegend Montansäuremontanylester)
Melissinsäure (Triakontansäure) $C_{29}H_{59}COOH$	frei und als Ester mit Wachsalkoholen	—	frei und als Ester
Laccersäure (Dotriakontansäure) $C_{31}H_{63}COOH$	frei und als Ester mit Wachsalkoholen	—	—
Gheddassäure (Tetratriakontansäure) $C_{33}H_{67}COOH$	frei und als Ester mit Wachsalkoholen	als Ester	—
Ungesättigte flüssige Kohlenwasserstoffe	—	als Wachsbestandteil angegeben	als Wachsbestandteil angegeben
Feste Kohlenwasserstoffe			
Heptakosan $C_{27}H_{56}$	als Wachsbestandteil angegeben	—	—
Triakontan $C_{30}H_{62}$	—	als Wachsbestandteil angegeben	als Wachsbestandteil angegeben
Hentriakontan $C_{31}H_{64}$	—	als Wachsbestandteil angegeben	—

unter Berücksichtigung einer modernen einheitlichen Bezeichnung und von Korrekturen über Struktur und Chemie der verschiedenen Naturstoffe nach neuesten Forschungsergebnissen.

Für die in Tabelle 16 zitierten Arbeiten standen den einzelnen Forschern zur Gewinnung des Wachses halbtechnische Extraktionsapparate oder sog. „pilot-plants" zur Verfügung, in denen bis zu 2 t Rohbaumwolle mit Lösungsmittel behandelt werden konnten. Für die eigenen Untersuchungen standen *nur* von jeder Baumwollsorte 5 kg zur Verfügung, von denen mit 500 ml-Soxhlet-Apparaten bei einer Füllmenge von 30 bis 40 g Fasern das Wachs isoliert und alle anderen Untersuchungen vorgenommen werden mußten. Schon diese Tatsache allein erforderte, daß völlig andere Wege zur Wachsanalyse sowjetischer Baumwollen gegangen werden mußten, als sie die oben erwähnten Autoren vorgezeichnet haben.

Die Bestimmung des Fett- oder Wachsgehaltes einer Faser erfolgt durch extraktive Behandlung mittels geeigneter Lösungsmittel. Beim Baumwollwachs ist der bestimmbare Gehalt nicht unabhängig vom Lösungsmittel. Aus diesem Grund sind oftmals auch die Werte in der Literatur nicht miteinander vergleichbar. So haben z. B. *E. R. McCall* und *J. F. Jurgens* (Tabelle 2) die *Conrad*sche Methode [13] mit Äthanol angewendet, andere Autoren [58, 61] benutzten Benzol und *V. G. Šapošnikov* und *V. M. Tišvinskij* [11] nahmen Aceton. Auf die Wirksamkeit und Bedeutung der verschiedenen Lösungsmittel kann nicht näher eingegangen werden, verwiesen sei auf die sehr umfangreichen Arbeiten von *E. Frieser*, Wien [19, 62]. Veröffentlichungen jüngeren Datums aber beziehen sich fast ausnahmslos auf die *Conrad*sche Methode [13] mit Äthanol als Lösungsmittel.

In der vorliegenden Arbeit wurde folgender Weg beschritten: die Rohfasern werden erschöpfend mit einem Methylenchlorid/Äther-Gemisch (1:1) behandelt, getrocknet und anschließend mit Äthanol nach *Conrad* [13] extrahiert. Auf diese Art und Weise sollen neben der vergleichenden Betrachtung der chemischen Zusammensetzung der Baumwollen aus Nordamerika, Ägypten und der Sowjetunion weitere Fragen geklärt werden.

Lassen sich mit Äthanol tatsächlich unter Anwendung der *Conrad*schen Methode weitere Wachsbestandteile isolieren, so ist zu untersuchen, ob diese die gleiche oder ähnliche chemische Zusammensetzung aufweisen wie die, die man mit dem Gemisch Methylenchlorid/Äther isolieren kann. Diese Frage ist von großer Bedeutung, weil man feststellte, daß der Äther eine außerordentlich gut lösende Wirkung auf das Baumwollwachs hat, die Anwendung bei Routineuntersuchungen aber nur seine Gefährlichkeit (Brennbarkeit und weite Explosionsgrenzen neben der Bildung der gefürchteten Peroxide) verbietet [63] und im Normenentwurf der „British Standard Institution" als Extraktionsmittel [64] Methylenchlorid für Baumwollwachse angegeben wird. Methylenchlorid verhält sich „ätherähnlich", besitzt außerdem den großen Vorteil völliger Unbrennbarkeit und keinerlei Explosionsneigungen. Das Gemisch aus gleichen Volumenteilen Äther und Methylenchlorid wird allgemein empfohlen, weil es die gut lösende Wirkung des Äthers besitzt und durch das Methylenchlorid wesentlich feuerungefährlicher wird [65]. Ferner hat es gegenüber Äthanol einen wesentlich niedrigeren Siedepunkt (40 °C!), die Extraktion kann daher rascher vor allem bei Verwendung großer Soxhletapparate durchgeführt werden. Diese stufenweise Behandlung ist außerdem noch durchgeführt worden, weil die äthanollöslichen freien Zucker, Aminosäuren und verwandten Verbindungen erst einmal qualitativ bestimmt werden sollen. Die Isolierung derartiger Bestandteile erfolgt bei der *Conrad*schen Methode [13] nebenbei, ist aber der Grund der wesentlich zeitraubenderen Wachsbestimmung (s. 4.2 Stickstoffhaltige Begleitstoffe der Baumwollfaser und 4.3 Begleitkohlenhydrate der Baumwollfaser).

4.5.1 Der in Methylenchlorid/Äther (1:1) lösliche Anteil der Baumwollfaserbegleitstoffe-Erstextraktion

Um die Identität oder einen chemisch ähnlichen Aufbau einer Substanz nachzuweisen, wird heute mit großem Erfolg die IR-Spektroskopie angewendet.

Bisher sind nur wenige IR-spektroskopische Arbeiten für Wachse allgemein und keine speziell für Baumwollwachse veröffentlicht worden. Auf Grund IR-spektroskopischer Untersuchungen ist es aber möglich zu entscheiden, ob das Wachs der sowjetischen Baumwollen prinzipiell eine andere Zusammensetzung hat als das Wachs von amerikanischen oder ägyptischen Baumwollen. In diesem Fall müßte die Gestalt des IR-Spektrums eines Wachses von sowjetischer Baumwolle wesentlich anders aussehen. Treten dagegen nur kleinere Änderungen auf, so müssen sich diese mit den üblichen physikalischen und chemischen Kennzahlen teilweise erklären lassen.

Die Methylenchlorid/Äther-Extrakte der vier zur Verfügung stehenden Baumwollsorten (s. Tabelle 1) werden in Tetrachlorkohlenstoff „zur Analyse" zu einer 5%-igen Lösung (Gewichtsprozent) gelöst und sind fertig zu IR-spektroskopischen Aufnahmen. Die Aufnahmen selbst wurden mit dem IR-Spektrograph UR 10 vom VEB Carl Zeiss Jena durchgeführt. Als Küvetten wurden für die Übersichtsspektren solche aus KBr 0,1 mm und für die Spektrenausschnitte solche aus NaCl 0,25 mm verwendet.

Da sich die IR-Spektrogramme der Wachse (Methylenchlorid/Äther-Extrakt) der oben beschriebenen vier Baumwollsorten im Bandenaufbau nicht wesentlich unterscheiden, sei vertretend für alle nur das Spektrum des Wachses (Methylenchlorid/Äther-Extrakt) einer sowjetischen Baumwolle 1. Sorte aufgeführt (Bild 7). Mit Aus nahme des Bereichs zwischen 900 cm^{-1}—1400 cm^{-1}, in dem kleine aber leider uncharakteristische Unterschiede auftreten (S. Bild 8), sind nur Unterschiede in der Bandenhöhe feststellbar. Das bedeutet, daß die qualitative Zusammensetzung der Wachse (Methylenchlorid/Äther-Extrakt) im großen gesehen gleich ist, in quantitativer Hinsicht aber Unterschiede vorhanden sind.

Die weitaus stärksten Banden sind die bei 2860 cm^{-1} und 2930 cm^{-1} für die CH_2-Valenzschwingung. Daß diese Banden am intensivsten sind ist verständlich, da ja bei allen Wachsbausteinen die CH_2-Gruppe die am meisten vorhandene Atomgruppierung ist. Die bei 2870 cm^{-1} und 2960 cm^{-1} angedeuteten Schultern an den beiden CH_2-Valenzschwingungsbanden gehören

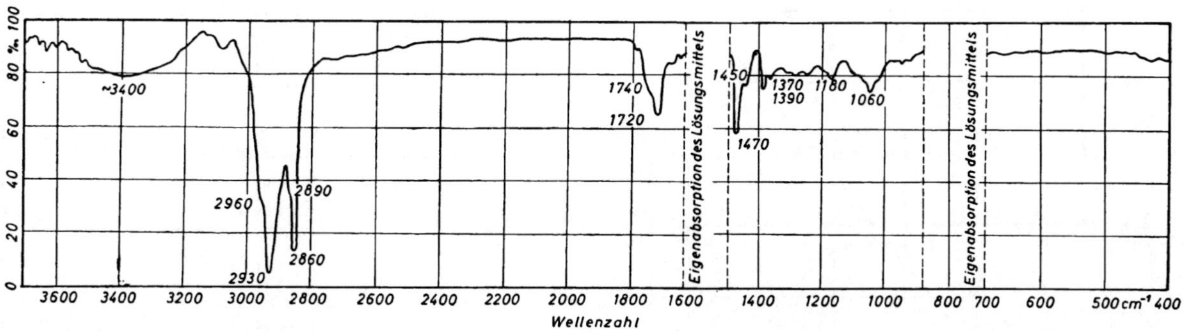

Bild 7. IR-Spektrum des Wachses (Methylenchlorid/Äther-Extrakt) einer sowjetischen Baumwolle 1. Sorte

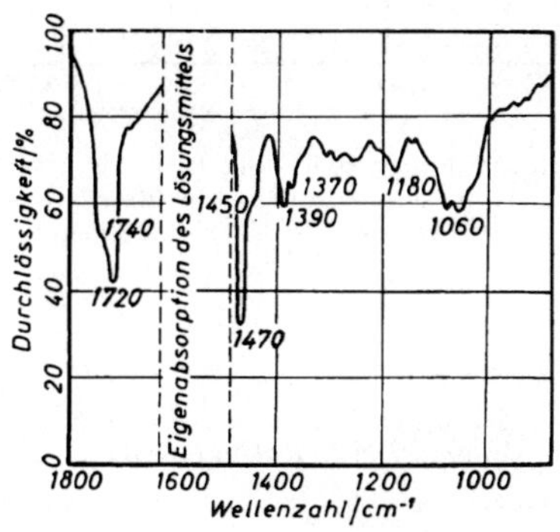

Bild 8. IR-Spektrum des Wachses (Methylenchlorid/Äther-Extrakt) einer sowjetischen Baumwolle 1. Sorte (Ausschnitt)

zu den CH_3-Valenzschwingungsbanden, die durch erstere fast völlig maskiert werden. Die bei 1470 cm^{-1} auftretende Bande kann der CH_2-Deformationsschwingung zugeordnet werden, die an ihr bei 1450 cm^{-1} auftretende Schulter gehört zur Absorptionsbande der $C-CH_3$-asymmetrischen Deformationsschwingung. Die Bande für die symmetrische $C-CH_3$-Deformationsschwingung liegt bei 1370 cm^{-1} (beim Wachs der amerikanischen Baumwolle (Methylenchlorid/Äther-Extrakt) wieder nur als Schulter angedeutet). Für höhere Fettsäuren (und deren Ester) wurde im Bereich zwischen 1150 cm^{-1} und 1300 cm^{-1} eine Anzahl von Absorptionsbanden gefunden, die konstante Frequenzabstände aufweisen, sich aber mit wachsender Kettenlänge verkleinern. Nach *H. Primas* und *H. Günthard* [66] handelt es sich um Kippschwingungen (wagging modes) der CH_2-Gruppe, bei denen die H\C/H-Gruppierung in eine zur Ebene des Kohlenstoffskeletts senkrechte Achse ausschwingt. Bei der Vielzahl der im Baumwollwachs vorhandenen höheren Fettsäuren (s. Tabelle 16) und deren Estern tritt unweigerlich eine Überlagerung der entsprechenden Frequenzen auf, so daß auch für Absorptionsbanden in diesem Bereich keine näheren Aussagen gemacht werden können. Die breite, bei ungefähr 3400 cm^{-1} auftretende Absorption ist der OH-Valenzschwingung zuzuordnen. Die Absorptionsbande bei 1060 cm^{-1} ist für primäre Alkohole charakteristisch. Ob es sich allerdings um eine OH-Deformationsschwingung oder eine C—O-Valenzschwingung handelt, ist bis heute noch nicht geklärt. Ebenso liegt für Sterine, die im Baumwollwachs mit einem gewissen Anteil vorhanden sind, die Absorption in diesem Gebiet. Entsprechend ihrer Lage gehört die intensive Bande bei 1720 cm^{-1} eindeutig zur C=O-Schwingung der gesättigten aliphatischen Säuren (freie Säuren). Weit weniger eindeutig ist die Bande bei 1390 cm^{-1}, sie könnte vielleicht von der C—O-Valenz- oder OH-Deformationsschwingung bei freien Fettsäuren herrühren.

Die an der C=O-Bande liegende Schulter bei 1740 cm^{-1} kann die C=O-Schwingung für gesättigte Ester sein, ebenso ist mit großer Wahrscheinlichkeit die 1180 cm^{-1} Bande der C—O-Valenzschwingung (für höhere Ester) zuzuordnen. Ohne die kleineren Unterschiede im Bandenaufbau der Wachsspektren (Methylenchlorid/Äther-Extrakt) der untersuchten Baumwollsorten erklären zu können, sind Aussagen in quantitativer Hinsicht durchaus möglich.

Ein Vergleich der Intensitäten der 1720 cm^{-1} Bande für die C=O-Valenzschwingung mit der 1470 cm^{-1} Bande für die CH_2-Deformationsschwingung läßt ohne weiteres erkennen, daß die Zahl der Carboxylgruppen im Verhältnis zur Zahl der CH_2-Gruppen beim Wachs (Methylenchlorid/Äther-Extrakt) der sowjetischen Baumwolle 1. Sorte am niedrigsten ist und beim Wachs (Methylenchlorid/Äther-Extrakt) der amerikanischen Baumwolle Upland am höchsten. Ein gleiches Ergebnis ist den in Tabelle 17 aufgeführten Verseifungszah-

Tabelle 17. Kennzahlen der Wachse (Methylenchlorid/Äther-Extrakt) verschiedener kommerzieller Rohbaumwollen

	Sowjet. Baumw. 1. Sorte	Sowjet. Baumw. 6. Sorte	Ägypt. Baumw. Karnak	Amerik. Baumw. Upland
Schmelzpunkt [°C]	70…75	63…67	74…78	70…75
Säurezahl, mg KOH pro Gramm Wachs	32	38	35	36
Verseifungszahl, mg KOH pro Gramm Wachs	82	92	86	98
Esterzahl, mg KOH pro Gramm Wachs	50	54	51	62
Unverseifbares [%]	62	56	58	52
Verseifbares (Gesamtwachssäuren) [%]	37	43	40	47

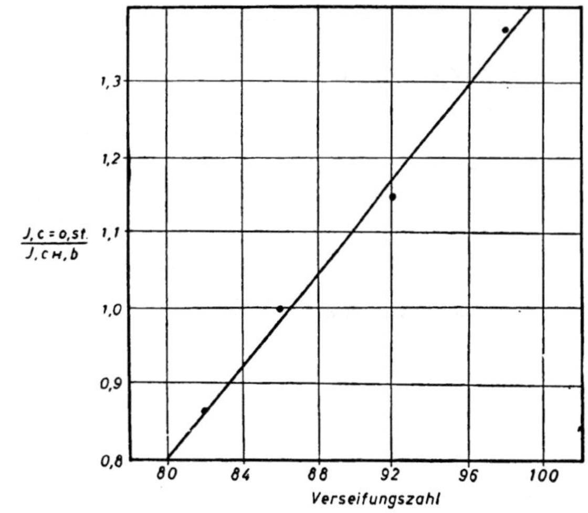

Bild 9. Zusammenhang zwischen Verseifungszahl (VZ) und dem Quotienten aus den Intensitäten für die C=O Valenz- (1720 cm^{-1}) und für die C—H Deformationsschwingung (1470 cm^{-1})

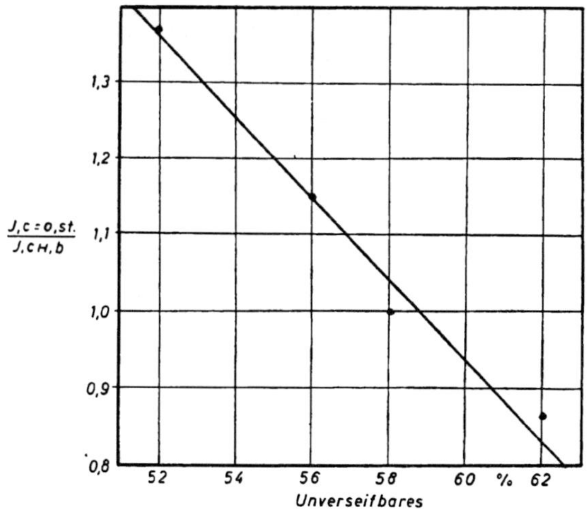

Bild 10. Zusammenhang zwischen % Unverseifbares und dem Quotienten aus den Intensitäten für die C=O Valenz- (1720 cm^{-1}) und für die C—H Deformationsschwingung (1470 cm^{-1})

len, die ein Maß für die vorhandenen Säuregruppen sind, zu entnehmen. Entsprechend der niedrigen Verseifungszahl beim Wachs (Methylenchlorid/Äther-Extrakt) der sowjetischen Baumwolle 1. Sorte findet man einen hohen Gehalt an Unverseifbarem. Ein umgekehrtes Verhältnis ergibt sich beim Wachs (Methylenchlorid/Äther-Extrakt) der amerikanischen Baumwolle Upland. Wenn man bedenkt, daß mit steigendem Gehalt an Unverseifbarem das Verhältnis von CH_2-Gruppen zu Carboxylgruppen zugunsten der CH_2-Gruppen verschoben wird, so sind auch die Gehalte an Unverseifbarem in Zusammenhang mit den oben diskutierten Verseifungszahlen in den IR-Spektren widergespiegelt.

Wertet man die Spektren speziell für die 1720 cm^{-1} Bande der C=O-Valenzschwingung und für die CH_2-Deformationsschwingung bei 1470 cm^{-1} in Anlehnung an das Grundlinienverfahren aus, bildet den Quotienten $\frac{I,_{\mathrm{C=O,\,st.}}}{I,_{\mathrm{CH,\,b.}}}$ und trägt in Abhängigkeit davon die Verseifungszahl (VZ) oder die % Unverseifbares auf, dann erhält man in beiden Fällen in guter Näherung eine Gerade (siehe Bild 9 und 10), bei denen die Streuung der Einzelmeßpunkte in keinem Fall die Genauigkeit der Bestimmungsmethoden für die Verseifungszahl bzw. % Unverseifbares überschreitet.

Die bisherigen Untersuchungen (Bestimmung der Wachskennzahlen, IR-Spektren) können aber keine Auskunft darüber geben, ob der höhere Gehalt an Unverseifbarem im Wachs (Methylenchlorid/Äther-Extrakt) der vorliegenden sowjetischen Baumwolle 1. Sorte gegenüber der amerikanischen Baumwolle Upland

Tabelle 18. Verseifungszahlen, % Unverseifbares und $\frac{I_{\mathrm{C=O,\,st.}}}{I_{\mathrm{CH,\,b.}}}$ der Wachse (Methylenchlorid/Äther-Extrakt) verschiedener kommerzieller Rohbaumwollen

	Sowjet. Baumw. 1. Sorte	Sowjet. Baumw. 6. Sorte	Ägypt. Baumw. Karnak	Amerik. Baumw. Upland
Verseifungszahl	82	92	86	98
% Unverseifbares	62	56	58	52
$\frac{I_{\mathrm{C=O,\,st.}}}{I_{\mathrm{CH,\,b.}}}$	0,866	1,152	1,007	1,370

Tabelle 19. Quantitative Zusammensetzung verschiedener Wachse von Baumwollen unterschiedlicher Anbaugebiete

	Angaben aus der Lit. [61] Amerikan. Baumw. Texas	Sowjet. Baumw. 1. Sorte	Sowjet. Baumw. 6. Sorte	Ägypt. Baumw. Karnak	Amerik. Baumw. Upland
	Benzolextr.	Methylenchlorid/Äther-Extrakt			
	Zahlenangaben in Prozent				
Gesamtwachssäuren bestehend aus:	25	37	43	40	47
1. Gesättigte WS.	24	—	—	—	—
2. Ungesättigte WS.	1	—	—	—	—
Unverseifbarer Stoff bestehend aus:	69	62	56	58	52
1. Alkoholen	52	47	42	45	40
2. Sterinen	10	1,7	2,7	1,7	1,6
3. Kohlenwasserstoffen	7	13,2	11,1	10,4	10,8
3.1 Paraffine	—	4,4	2,5	3,4	4,0
3.2 Olefinen	—	8,8	8,6	7,0	6,8
Inerter Stoff (?)	6	—	—	—	—

auf größere Anteile Wachsalkohole, Sterine oder Kohlenwasserstoffe zurückzuführen ist. Eine Klärung bringt erst eine speziell für die einzelnen Wachsbestandteile durchgeführte quantitative Analyse. Die Ergebnisse sind in Tabelle 19 zusammengestellt, in der auch die einzigen, bisher bekannten Werte eines Wachses von Texas-Baumwolle [61] mit aufgeführt werden.

Die Diskussion der Tabelle 19 und die weiteren speziellen Untersuchungen werden nachfolgend unterteilt nach den einzelnen Bestandteilgruppen beschrieben.

4.5.1.1 Die Kohlenwasserstoffe des in Methylenchlorid/Äther (1 : 1) löslichen Anteils der Baumwollfaserbegleitstoffe

Die einzigen, genau bekannten Bestandteile vom Kohlenwasserstofftyp im Wachs der Baumwolle sind Heptakosan $C_{27}H_{56}$, Triakontan $C_{30}H_{62}$ und Hentriakontan $C_{31}H_{64}$. Die meisten Untersuchungen unterscheiden nur die beiden Gruppen: gesättigte Kohlenwasserstoffe (Paraffine), zu denen die eben genannten drei Verbindungen gehören, und die ungesättigten Kohlenwasserstoffe (Olefine). In der vorliegenden Arbeit konnte gleichfalls nur eine Trennung in beide große Gruppen durchgeführt werden. Allerdings gelang es auf Grund modernster Verfahren [67], eine gute quantitative Bestimmung von Paraffinen und Olefinen zu erreichen.

Vergleicht man die eigenen Prozentzahlen an Gesamtkohlenwasserstoffen in Baumwollwachsen (Tabelle 19) mit der einzigen, bisher veröffentlichten Angabe von *Tonn* und *Schoch* [61] aus dem Jahre 1946, so stellt man fest, daß die Ergebnisse der vorliegenden Arbeit wesentlich höher liegen. Diese Erscheinung stimmt völlig mit den von *Spengler* und *Hauf* [67] 1957 gemachten Erfahrungen überein, wonach alle bisherigen Methoden zur Bestimmung von Kohlenwasserstoffen zu zu niedrigen Resultaten geführt haben.

Das bemerkenswerteste Ergebnis dieser Untersuchungen ist aber, daß der Kohlenwasserstoffgehalt des Wachses (Methylenchlorid/Äther-Extrakt) der sowjetischen Baumwolle 1. Sorte gegenüber dem Kohlenwasserstoffgehalt der Wachse der gut vergleichbaren ägyptischen und amerikanischen Sorten (siehe Zusammenhang über Reifegrad und Wachsgehalt!) beträchtlich höher liegt! Damit geht im vorliegenden Fall ein Teil des höheren Gehaltes an Unverseifbarem des Wachses (Methylenchlorid/Äther-Extrakt) der sowjetischen Baumwolle 1. Sorte zu Lasten dieser Stoffgruppe!

4.5.1.2 Die Sterine des in Methylenchlorid/Äther (1:1) löslichen Anteils der Baumwollfaserbegleitstoffe

Die Sterine werden quantitativ auf gravimetrischem Weg durch Fällung mit Digitonin bestimmt (*A. Windaus*, 1908). Eine getrennte Bestimmung von freien und veresterten Sterinen ist auf Grund der Eigenschaft des Digitonins, nur mit freien Sterinen einen Niederschlag zu geben, sehr leicht und gut möglich.

Die auf diese Voraussetzung durchgeführten Bestimmungen zeigen aber bei den Baumwollwachsen (Methylenchlorid/Äther-Extrakt) nach erster Betrachtung völlig anormale Werte (Tabelle 20). Es kann auf Grund vieler Versuche kein methodisch bedingter Fehler sein,

Tabelle 20. Gehalt an Sterinen der Wachse (Methylenchlorid/Äther-Extrakt) mehrerer kommerzieller Rohbaumwollen

	Sowjet. Baumw. 1. Sorte	Sowjet. Baumw. 6. Sorte	Ägypt. Baumw. Karnak	Amerik. Baumw. Upland
Gesamtsterine (frei und verestert) [%]	1,7	2,7	1,7	1,6
Mit Digitonin fällbare Verbindungen im unbehandelten Wachs (Methylenchlorid/Äther-Extrakt) [%]	3,4	2,7	2,4	2,3

daß die Gesamtsterine bis zur Hälfte weniger gefunden werden als die mit Digitonin fällbaren Verbindungen im unbehandelten Wachs (Methylenchlorid/Äther-Extrakt). Deshalb wird auch der Begriff „freie Sterine" vermieden.

Es müssen also Verbindungen im Baumwollwachs (Methylenchlorid/Äther-Extrakt) vorhanden sein, die zwar mit Digitonin fällbar, aber keine Sterine sind. Die mit Digitonin fällbaren Stoffe im unbehandelten Baumwollwachs (Methylenchlorid/Äther-Extrakt), oder zumindest ein Teil davon, müssen verseifbar sein, also Carboxylgruppen enthalten, und werden bei der Gesamtsterinbestimmung nicht mehr mit erfaßt.

Die Richtigkeit dieser Vorstellung beweisen die IR-Spektren, von denen zwei als Beispiele in Bild 11 und 12 zu sehen sind. Im Spektrum der Digitonide aus dem unbehandelten Wachs treten deutlich zwei C=O-Valenzbanden bei 1690 cm^{-1} und 1740 cm^{-1}, auf, die im Spektrum der Gesamtdigitonide aus dem Unverseifbaren fehlen!

Bei den carboxylgruppentragenden, mit Digitonin fällbaren Verbindungen kann es sich nach *L. Fieser* und *M. Fieser* [60] um tetracyclische Carbonsäuren handeln, die nach ihren Angaben schon in vielen anderen Pflanzen und Pilzen und auch reichlich im Wollfett der Schafe gefunden worden sind. Diese tetracyclischen Carbonsäuren sind keine Sterine.

Auf Grund dieser Ergebnisse lassen sich also die „echten freien Sterine" im Baumwollwachs (Methylenchlorid/Äther-Extrakt) nicht ohne weiteres bestimmen. Auch sind die Prozentzahlen für die mit Digitonin fäll-

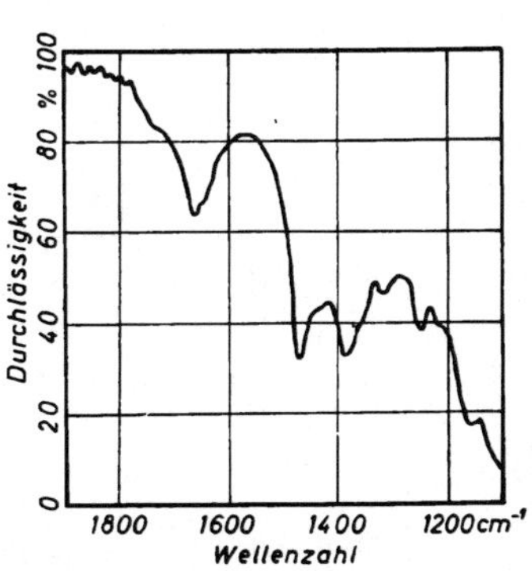

Bild 11. IR-Spektrum der Digitonide, fällbar aus dem unverseifbaren Anteil des Wachses einer amerikanischen Baumwolle

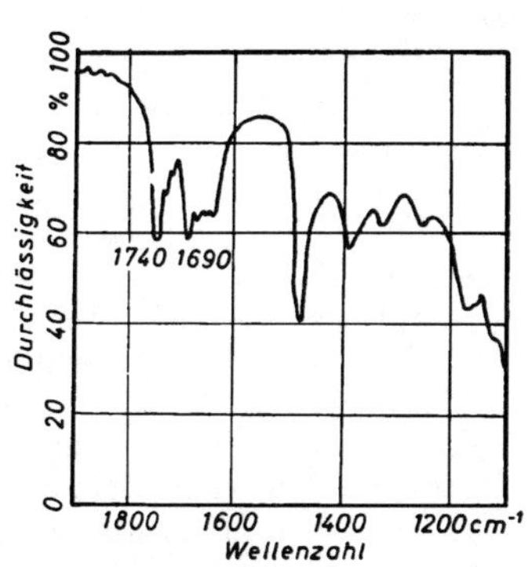

Bild 12. IR-Spektrum der Digitonide, fällbar aus dem chemisch unveränderten Wachs einer amerikanischen Baumwolle

baren Verbindungen im unbehandelten Baumwollwachs (Methylenchlorid/Äther-Extrakt) zu korrigieren, weil diese mit dem Umrechnungsfaktor für *reine* pflanzliche Sterine aus den quantitativ bestimmten Digitoniden errechnet worden sind.

4.5.1.3 Die Alkohole des in Methylenchlorid/Äther (1:1) löslichen Anteils der Baumwollfaserbegleitstoffe

Die Wachsalkohole bilden den größten Teil des unverseifbaren Anteils des Baumwollwachses. Nach älteren Angaben [57, 58] sind sämtliche Alkohole mit geradzahliger C-Atomzahl von C_{24} bis C_{34} vorhanden. Der Hauptbestandteil ist aber immer Triakontanol (Gossypylalkohol, $C_{30}H_{61}OH$, s. Tabelle 16).

Auf ein Nacharbeiten dieser Ergebnisse wurde bewußt aus mehreren Gründen verzichtet. Erstens sind die Wachsalkohole analytisch relativ schwer zu erfassen. Das betrifft auch im besonderen Maße die mikrochemischen Methoden, so wie sie die Papier- und Dünnschichtchromatographie darstellen. Zweitens steht das zu erwartende Ergebnis in keinem Verhältnis zur aufgewandten Arbeit, wenn man eine chromatographische Auftrennung (und die kommt hier höchstens in Betracht) auf dem Weg über die Oxydation der Alkohole zu Säuren und deren Trennung nach dem Allylesterverfahren [68] vornimmt. Und drittens hat, da Triakontanol sowieso der überwiegende Bestandteil ist, die Zusammensetzung der übrigen Alkoholbestandteile für die chemische Veredlung der Baumwollfasern keine Bedeutung.

Vom wissenschaftlichen Standpunkt aus ist höchstens interessant, ob auch Alkohole mit einer kleineren C-Zahl als 24 auftreten. Zu diesem Zweck wurde mit den Alkoholen, von denen die Sterine abgetrennt waren, eine chromatographische Analyse auf petroleumimprägnierten Kieselgel G-Dünnschichtplatten durchgeführt [69]. Dieses Verfahren ist hier sehr brauchbar, da nur bis zum Alkohol C_{24} (Lignocerylalkohol oder Tetrakosanol) eine chromatographische Wanderung erfolgt; alle anderen höhermolekularen Verbindungen bleiben am Startpunkt zurück. Das Ergebnis zeigte, daß tatsächlich keine niedermolekulareren Wachsalkohole als C_{24} auftreten. Neben einem starken Startpunkt war nur ganz schwach kurz oberhalb desselben ein Fleck

Tabelle 21. Rf-werte der Wachssäuren (Allylesterverfahren [68]) von verschiedenen kommerziellen Baumwollen

	Rf-Werte der Wachssäuren als Allylester-Quecksilberazetat-Addukte für					
	Modellsubstanzen aus der Lit. [68]	eigene Modellsubstanzen	Sowjet. Baumw. 1. Sorte	Sowjet. Baumw. 6. Sorte	Ägypt. Baumw. Karnak	Amerik. Baumw. Upland
Palmitinsäure $C_{15}H_{31}COOH$	0,86	0,80	—	0,82	0,82	0,81
Stearinsäure $C_{17}H_{35}COOH$	0,77	0,71	—	0,72	0,73	0,72
Arachinsäure $C_{19}H_{39}COOH$	0,66	—	0,66	0,64	0,64	0,62
Behensäure (Dokosansäure) $C_{21}H_{43}COOH$	0,56	—	0,59	0,54	0,57	0,56
Lignocerinsäure (Tetrakosansäure) $C_{23}H_{47}COOH$	0,47	—	0,50	0,46	0,48	0,47
(Hexakosansäure) $C_{25}H_{51}COOH$	0,39	—	0,41	0,38	0,39	0,39
Montansäure (Oktakosansäure) $C_{27}H_{55}COOH$	0,31	—	0,31	0,31	0,31	0,32
Melissinsäure (Triakontansäure) $C_{29}H_{59}COOH$	0,24	—	0,23	0,23	—	0,23
Laccersäure (Dotriakontansäure) $C_{31}H_{63}COOH$	0,16	—	0,15	0,15	—	0,17
Gheddasäure*) (Tetratriakontansäure) $C_{33}H_{67}COOH$	—	—	0,10	0,09	—	0,11

*) Die Rf-Werte für die Wachssäuren von C_{16} bis C_{32} nehmen pro C_2-Einheit um einen konstanten Wert ab. Die Gheddasäure (Tetratriakontansäure) ist unter Anwendung dieser Regel bestimmt worden.

Fließmittel: Essigsäure/Acetonitril/Petroleumfraktion 15:5:1 (Kp. 190°–210°C)
Papier: Schleicher und Schüll 2040 bM, imprägniert mit einer Petroleumfraktion vom Kp. 190° bis 210°C
Entwickler: Diphenylkarbazon in 60%ig. Äthanol

Tabelle 22. Intensitäten der Wachssäuren von verschiedenen kommerziellen Baumwollen (nach dem Allylesterverfahren [68] getrennt und bestimmt)

	Geschätzte Intensitäten				
	In der Lit. angegeben (vgl. Tab. 16)	Sowjet. Baumw. 1. Sorte	Sowjet. Baumw. 6. Sorte	Ägypt. Baumw. Karnak	Amerik. Baumw. Upland
Palmitinsäure	ja	—	sehr stark	mittel	mittel
Stearinsäure	ja	—	stark	schwach	schwach
Arachinsäure	nein	stark	mittel	sehr schw.	schwach
Behensäure	ja	sehr stark	sehr stark	sehr stark	sehr stark
Lignocerinsäure	ja	mittel	mittel	stark	stark
Hexacosansäure	nein	schwach	schwach	schwach	schwach
Montansäure	ja	mittel	mittel	mittel	mittel
Melissinsäure	ja	schwach	schwach	—	schwach
Laccersäure	ja	sehr schw.	schwach	—	sehr schw.
Gheddasäure	ja	mittel	mittel	—	mittel

erkennbar, der das Vorhandensein von Tetrakosanol anzeigt.

4.5.1.4 Die Säuren des in Methylenchlorid/Äther (1:1) löslichen Anteils der Baumwollfaserbegleitstoffe

Der verseifbare Anteil des Baumwollwachses (Methylenchlorid/Äther-Extrakt) setzt sich in der Hauptsache aus höhermolekularen Monocarbonsäuren mit gerader C-Atomzahl zusammen, angefangen bei C_{16} (Palmitinsäure) bis C_{34} (Tetratriakontansäure). In den vorliegenden Untersuchungen konnte erstmalig lückenlos die Anwesenheit aller geradzahligen Säuren zwischen C_{16} und C_{34}, wenn auch mit beträchtlichen Mengenunterschieden, gefunden werden (s. Tabellen 21 und 22).

Harzsäuren werden zwar von verschiedenen Autoren [57, 59] als Bestandteile des Baumwollwachses angegeben, eine qualitative Prüfung nach *G. Halphen-Grimaldi* [70] mit Bromdampf auf eine Lösung des Wachses (Methylenchlorid/Äther-Extrakt) in Phenol-Tetrachlorkohlenstoff (1:2) verlief aber negativ. Wahrscheinlich sind die oben zitierten Literaturangaben mehr als Spekulation zu betrachten.

Die Ergebnisse der qualitativen und quantitativen Sterinuntersuchungen zeigen Säurebestandteile an, die mit großer Wahrscheinlichkeit eine tetracyclische Struktur auf Grund ihrer Fällbarkeit mit Digitonin haben. Diese tetracyclischen Carbonsäuren sind vermutlich auch dafür verantwortlich zu machen, daß für den verseifbaren Anteil eine Jodzahl gefunden wird, die ein Maßstab für die Anwesenheit von ungesättigten Verbindungen ist.

Der Beweis für die Anwesenheit aller geradzahligen Monocarbonsäuren wird auf papierchromatographischem Weg nach dem Allylesterverfahren von *H. P. Kaufmann* und *J. Pollerberg* [68] geführt. Als Vergleichsubstanzen standen nur die Allylester der Palmitinsäure und der Stearinsäure zur Verfügung, was im vorliegenden Falle aber als ausreichend betrachtet werden kann, da erfahrungsgemäß nur bei hohen Rf-Werten oft beträchtliche Schwankungen gegenüber den Literaturwerten auftreten.

Nach dem Allylesterverfahren lassen sich aber die Monocarbonsäuren mit kleinerer C-Atomzahl als 16 nicht mehr erfassen. Zur Prüfung auf Anwesenheit solcher Säuren wurde eine papierchromatographische Auftrennung der *freien* Wachssäuren nach dem Standardverfahren auf petroleumimprägniertem Papier und Eisessig/Wasser, petroleumgesättigt, als Fließmittel [71] durchgeführt. Das Ergebnis ist in Bild 13 zu sehen. Es ergibt sich eindeutig, daß niedermolekularere Carbonsäuren als Palmitinsäure im Baumwollwachs (Methylenchlorid/Äther-Extrakt) nicht vorhanden sind. Eine quantitative Schätzung der Intensitäten und damit eine Aussage über die Mengen der einzelnen Säuren ist in Tabelle 22 angegeben.

Die Untersuchungen ergeben, daß die *Behensäure* (Dokosansäure) mit Abstand am häufigsten in Baumwollwachsen (Methylenchlorid/Äther-Extrakt) ohne Unterschied der Anbaugebiete auftritt. Dann folgen die Lignocerinsäure (Tetrakosansäure), Palmitinsäure, Montansäure (Oktakosansäure) und die Gheddasäure (Tetratriakontansäure). Daß bei früheren makroskopischen Untersuchungen die Arachinsäure und die Hexakosansäure nicht gefunden worden sind, erklärt sich aus ihrer äußerst geringen Konzentration im Baumwollwachs (s. Tabelle 22).

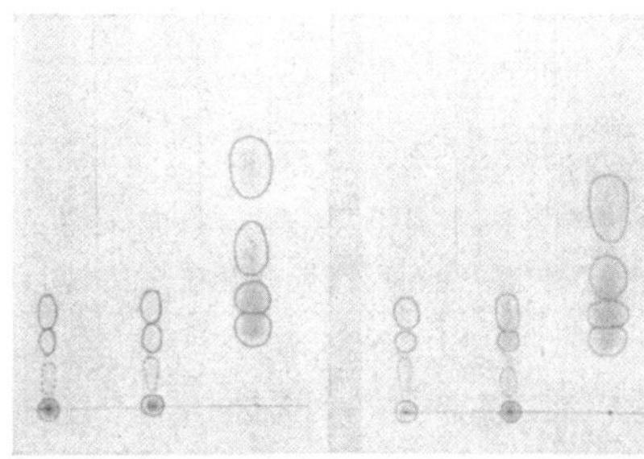

Bild 13. Papierchromatogramme der Wachssäuren von verschiedenen kommerizellen Baumwollen

1 Wachssäuren / amerikanische Baumwolle
2 Wachssäuren / sowjetische Baumwolle 1. Sorte
3 Wachssäuren / ägyptische Baumwolle
4 Wachssäuren / sowjetische Baumwolle 6. Sorte
5 Vergleichssubstanzen

Fließmittel: Eisessig, 90%ig-gesättigt mit einer Petroleumfraktion (Kp. 190 bis 210°C)
Papier: Schleicher und Schüll 2043 bM, imprägniert mit einer Petroleumfraktion (Kp. 190 bis 210°C)
Entwickler: Überführung der freien Säuren in die Kupferseifen und Anfärben mit Kaliumferrocyanid [71]

4.6.0 Untersuchung der Inhaltsstoffe der Zweitextraktion der Baumwollfasern mit Äthanol

Werden die Fasern, die mit Methylenchlorid/Äther erschöpfend behandelt worden sind, einer erneuten Extraktion mit Äthanol unterworfen, so lassen sich recht beträchtliche Mengen an extrahierbaren Begleitstoffen isolieren (s. Tabelle 23).

Über die Untersuchungen des Methylenchlorid/Äther-Extraktes ist im Kapitel 4.5.1 eingehend berichtet worden. Die Inhaltsstoffe der Zweitextraktion mit Äthanol,

Tabelle 23. Extraktionszahlen mit mehreren Lösungsmitteln aus verschiedenen kommerziellen Baumwollsorten (Zahlenangaben in % bezogen auf das Trockengewicht der Gesamtfasern)

	Extraktionsgehalte [%] von			
	Sowjet. Baumw. 1. Sorte	Sowjet. Baumw. 6. Sorte	Ägypt. Baumw. Karnak	Amerik. Baumw. Upland
Fasern *erst*extrahiert mit Methylenchlorid/Äther	0,50	1,32	0,50	0,54
Fasern anschließend *zweit*extrahiert mit Äthanol	1,20	2,27	1,19	1,09
Chloroformlöslicher Anteil der Zweitextraktion	0,15	0,33	0,12	0,12

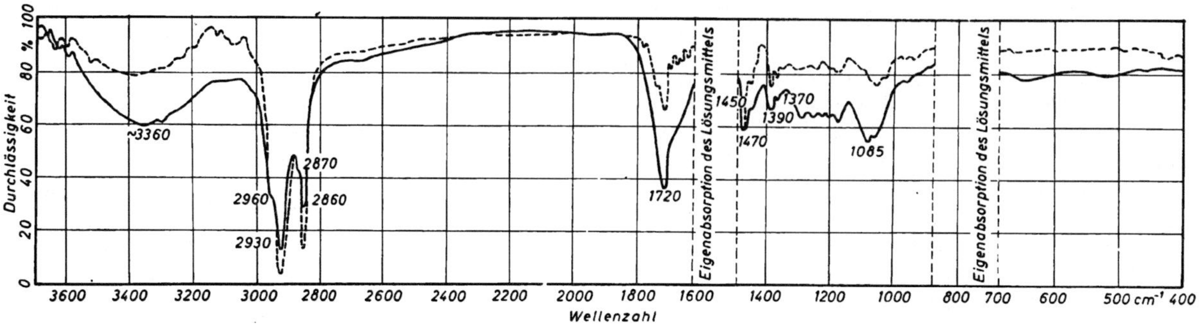

Bild 14. IR-Spektrum des chloroformlöslichen Anteils eines Äthanolextraktes von einer sowjetischen Baumwolle 1. Sorte

die sich nicht in Chloroform lösen, sind im wesentlichen wasserlösliche, stickstoffhaltige Baumwollbegleitstoffe (s. Kapitel 4.2.1), freie Zucker (Mono- und Oligosaccharide) und Pflanzensäuren (organische Säuren).

Die Untersuchung des chloroformlöslichen Anteils der Inhaltsstoffe der Zweitextraktion wird eingehend im letzten Kapitel dieser Arbeit beschrieben.

4.6.1 *Untersuchung des chloroformlöslichen Anteils des Äthanolextraktes der Baumwollfasern*

Von den äthanollöslichen Begleitstoffen sind rund 10 bis 15% in Chloroform löslich und müssen demnach wachsartige Produkte darstellen. Eine wichtige Vorentscheidung in dieser Frage kann wieder die IR-Spektroskopie bringen, denn rein äußerlich sind der Methylenchlorid/Äther-Extrakt und der chloroformlösliche Anteil eines anschließend isolierten Äthanolextraktes sehr verschieden.

Der Methylenchlorid/Äther-Extrakt ist bei normaler Raumtemperatur fest und je nach Baumwollsorte hellgelb bis braun. Der Geruch ist unangenehm penetrant. Ganz anders dagegen der chloroformlösliche Anteil des Äthanolextraktes! Er stellt in jedem Falle, unabhängig von der Baumwollsorte, eine harzigzähe (auch bei —10 °C!), stark dunkelbraune und *nicht* unangenehm riechende Masse dar (vielleicht ähnlich frischem Brot).

Das IR-Spektrum des chloroformlöslichen Anteils der Zweitextraktion mit Äthanol wird auf gleiche Art und Weise wie das des Methylenchlorid/Äther-Extraktes hergestellt. Im Bandenaufbau ist es sehr ähnlich dem Spektrum des Methylenchlorid/Äther-Extraktes, trotz der anderen physikalischen Eigenschaften! Zur Veranschaulichung kleinerer Unterschiede in Bandenlage und Intensität ist noch einmal das Spektrum des Methylenchlorid/Äther-Extraktes (gestrichelte Linie, Bild 14) mit eingezeichnet worden.

Die auffälligste Veränderung im Spektrum des chloroformlöslichen Anteils des Äthanolextraktes ist, daß bei gleicher Konzentration die Anzahl der CH_2-Gruppen (CH_2-Valenzschwingungen bei 2860 cm^{-1} und 2930 cm^{-1}) abnimmt und die C=O-Valenzschwingung (1720 cm^{-1}) sehr zunimmt. Auch ist die Bandenform der C=O-Valenzschwingung in beiden Spektren sehr unterschiedlich.

Angeregt durch Aussehen und Geruch des chloroformlöslichen Anteils des Äthanolextraktes wurde als erstes zur weiteren qualitativen Analyse auf Anwesenheit von Stickstoff geprüft [72]. Um aber nicht den Fehler zu machen, positive Resultate durch verschleppte und unvollständig abgetrennte freie Aminosäuren zu erhalten, wird für alle Untersuchungen ein Extrakt verwendet, der die Anwesenheit solcher Verbindungen ausschließt. Es wird ein chloroformlöslicher Extrakt der Zweitextraktion mit Äthanol gewonnen, dessen Lösung mehrfach mit destilliertem Wasser, 1%iger Salzsäure und wieder mit destilliertem Wasser gewaschen worden ist. In ihm sind nachweislich keine wasserlöslichen Substanzen mehr enthalten, *wenn ein Zweiphasengemisch aus Chloroform und Wasser vorhanden ist.*

In allen untersuchten Extrakten der vier Baumwollsorten konnte qualitativ die Anwesenheit von Stickstoff nachgewiesen werden!

Dieser Stickstoff muß also in Verbindungen enthalten sein, die nach den IR-Spektren dem Baumwollwachs (Methylenchlorid/Äther-Extrakt) sehr ähnlich und die auch leicht in Chloroform löslich sind!

Versucht man eine papierchromatographische Auftrennung des chloroformlöslichen Anteils des Äthanolextraktes mit den üblichen Fließmitteln für Aminosäuren (s. Bild 15), so erhält man nur *eine Schweifbildung, die auf Grund ihrer gelbbraunen Eigenfarbe ohne irgendeine „Entwicklung" sichtbar ist.* Eine Blaufärbung dieser Schweife mit Ninhydrin und auch der Start-

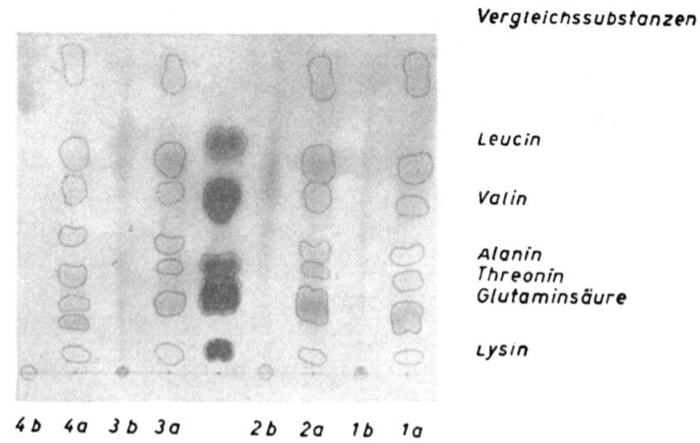

Bild 15. Papierchromatogramm der chloroformlöslichen Anteile des Äthanolextraktes und deren wasserlöslichen Verseifungsprodukte (Aminosäuren) von verschiedenen kommerziellen Baumwollsorten

Fließmittel:	n-Butanol/Eisessig/Wasser 4:1:1 [73]
Papier:	Schleicher und Schüll, 2043 bM, aufsteigend
Entwickler:	Ninhydrin, Kupferkomplexe
1a + 1b:	Sowjetische Baumwolle 1. Sorte
2a + 2b:	Sowjetische Baumwolle 6. Sorte
3a + 3b:	Ägyptische Baumwolle Karnak
4a + 4b:	Amerikanische Baumwolle Upland

punkte tritt praktisch nicht auf (s. Bild 15). Und trotzdem lassen sich Aminosäuren in diesen Extrakten nachweisen, wenn man sie mit 6n äthanolischer Salzsäure verseift und dann erst eine papierchromatographische Trennung vornimmt.

In Bild 15 sind neben dem unbehandelten chloroformlöslichen Äthanolextrakt die aus diesem durch saure Hydrolyse isolierten Aminosäuren aufgetragen worden. Es wurde darauf geachtet, daß die N-Konzentration in beiden Fällen die gleiche war. In Tabelle 24 sind die identifizierten Aminosäuren aufgeführt.

Als Ergebnis ist zu verzeichnen, daß die Aminosäuren in den Substanzen des chloroformlöslichen Anteils des Äthanolextraktes über die Aminogruppen peptidartig gebunden sind, weil erst nach einer sauren Hydrolyse mit anschließender papierchromatographischer Auftrennung die Ninhydrinreaktion positiv ist. Als Hauptbestandteile der Aminosäuren konnten die beiden Dicarbonsäuren Glutaminsäure und Asparaginsäure gefunden werden. Als weitere, bemerkenswerte Bestandteile sind noch Leucin, Valin und Alanin anwesend.

Die papierchromatographische Bestimmung der Asparaginsäure ist nur mit dem Fließmittel Phenol/Wasser [29] eindeutig; im Fließmittel *n*-Butanol/Eisessig/Wasser [73] ist die Trennung von der Glutaminsäure nur angedeutet und unvollständig (s. Bild 15).

Tabelle 24. Rf-Werte mehrerer Aminosäuren, die aus chloroformlöslichen Baumwollbegleitstoffen durch Hydrolyse mit 6n äthanolischer Salzsäure erhalten werden

	Vergleichs-substanzen	Sowjet. Baumw. 1. Sorte	Sowjet. Baumw. 6. Sorte	Ägypt. Baumw. Karnak	Amerik. Baumw. Upland
n-Butanol/Eisessig/Wasser 4:1:1 [73]					
?	—	0,75	0,75	0,75	0,76
Leucin	0,57	0,52	0,52	0,53	0,55
?	—	0,30	0,31	0,32	0,33
Alanin	0,26	0,23	0,25	0,26	0,23
Glutaminsäure	0,19	0,15	0,17	0,18	0,18
Aparaginsäure*)	0,14	0,11	0,12	0,14	0,13
Lysin	0,05	0,04	0,04	0,04	0,04
Phenol/Wasser 4:1 [29]					
?	—	0,90	0,88	0,89	0,89
Leucin	0,79	0,80	0,80	0,75	0,78
Valin	0,69	0,69	0,67	0,65	0,69
?	—	0,55	0,55	—	0,56
Alanin	0,48	0,48	0,46	0,48	0,49
Glutaminsäure	0,23	0,22	0,24	0,23	0,24
Asparaginsäure	0,14	0,12	0,13	0,13	0,13
Lysin	0,33	0,32	0,34	—	0,35

*) Literaturwert

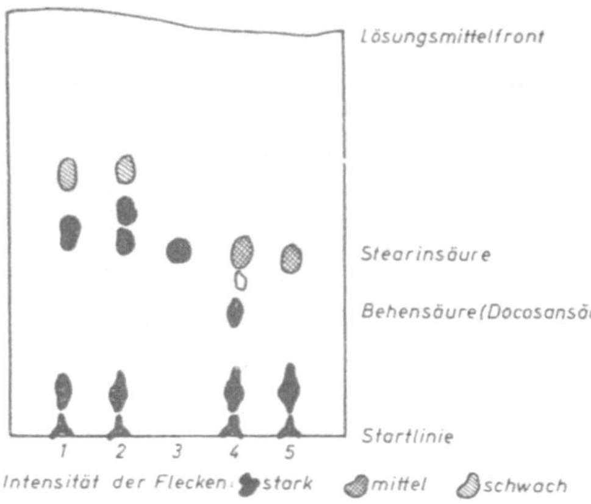

Bild 16. Dünnschichtchromatogramm mehrerer Wachssäuren, die aus chloroformlöslichen Baumwollbegleitstoffen durch Hydrolyse mit 6*n* äthanolischer Salzsäure erhalten werden

Fließmittel: Essigsäure/Acetonitril 1:1,70% gesättigt mit Imprägniermittel
Trägerschicht: Kieselgel G, imprägniert mit einer Petroleumfraktion vom Kp. 190 bis 210 °C
Entwickler: Phosphormolybdänsäure
1 Sowjetische Baumwolle 1. Sorte
2 Sowjetische Baumwolle 6. Sorte
3 Stearinsäure
4 Ägyptische Baumwolle Karnak
5 Amerikanische Baumwolle Upland

Durch das überwiegende Vorkommen der Aminodicarbonsäuren läßt sich auch erklären, weshalb im IR-Spektrum eine starke Zunahme der Intensität der C=O Valenzschwingung zu bemerken ist! Aber nicht nur Aminosäuren lassen sich erst nach der sauren Hydrolyse des chloroformlöslichen Anteils der Zweitextraktion mit Äthanol papierchromatographisch nachweisen, sondern auch *Glucose*! Also muß auch die Glucose verestert sein, ob allerdings nur mit den Aminosäuren, was durchaus möglich sein kann aus Analogieschlüssen über die braune Farbe des Extraktes (s. 4.2 Stickstoffhaltige Begleitstoffe der Baumwollfaser), läßt sich nicht entscheiden.

Die Säurekomponenten, an die die Aminosäuren über die Aminogruppen gebunden sind, werden in wäßriger Natronlauge aufgelöst, mit Salzsäure ausgefällt, in Benzol gelöst und einer chromatographischen Analyse auf petroleumimprägnierten Kieselgel G-Dünnschichtplatten unterworfen (Bild 16).

Mit Hilfe der Vergleichssubstanz kann Stearinsäure in allen vier Extrakten der entsprechenden Baumwollsorten nachgewiesen werden. Mit Ausnahme des Extraktes der ägyptischen Baumwolle sind aber die Hauptmengen der Wachssäuren durch Vergleich mit Literaturwerten [74] als Moleküle mit mehr als 24 C-Atomen zu betrachten. Eine vollständige Auftrennung und eindeutige Identifizierung aber gelang nicht. Außerdem muß einschränkend betont werden, daß nicht der gesamte chloroformlösliche Anteil des Äthanolextraktes aus Verbindungen von Aminosäuren, Glukose und Wachssäuren besteht, sondern daß er auch noch reine Wachsbestandteile (freie Säuren, Ester) enthält.

Mit dem Auffinden der Verbindungen aus Aminosäuren, Glucose und Wachssäuren in der Baumwolle lassen sich wesentliche Schlußfolgerungen für die Fasermorphologie machen. Die zu Befremdung Anlaß gebende Tatsache, daß das Wachs verhältnismäßig fest verankert in Gegenwart von Cellulose und Pektin in der Primärwand der Baumwollfaser vorhanden ist, wurde im wesentlichen auf zwei verschiedene Möglichkeiten erklärt. *K. Heß* und seine Schule [33, 75] sehen als Bindeglied zwischen hydrophobem Wachs und hydrophiler Cellulose bzw. Pektin Phosphatide an. Von anderer Seite wird angenommen [76, 77], daß als Bindeglied sog. Cutin (Suterin) fungiert. Über beide Ansichten wird nachfolgend an Hand der eigenen Untersuchungen ausführlich gesprochen werden, denn wir sind auf Grund unserer Arbeiten zu der Schlußfolgerung gekommen, daß die Verbindungen aus Aminosäuren, Glucose und Wachssäuren die Funktion eines Bindegliedes zwischen Wachs und Cellulose/Pektin übernehmen!

Phosphatide sind polar gebaute Moleküle, die mit ihrer hydrophoben Gruppe an die Wachsschicht und mit ihrer hydrophilen Gruppe an die Cellulose- bzw. Pektinschicht gebunden sein können. *Heß* u. Mitarb. [75] gelang es angeblich, aus wäßrigen Extrakten von Baumwollfasern mit Chloroform Lipoide mit hohem Phosphorgehalt zu isolieren; eine nähere Untersuchung dieser Fraktion und damit eine Bestätigung der Existenz der Phosphatide in der Baumwollfaser ist aber nicht erfolgt.

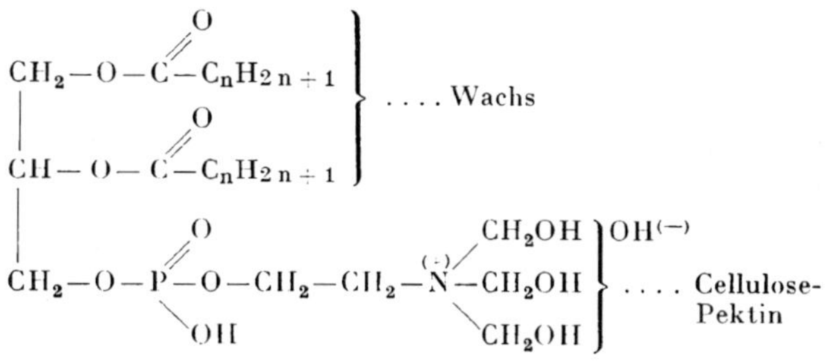

Die eigenen Untersuchungen über die phosphorhaltigen Verbindungen (s. Kapitel 4.4) sprechen nicht dafür, daß Phosphatide in der Baumwollfaser vorhanden sind. Die Angaben in Tabelle 15 zeigen, daß Extraktionen mit organischen Lösungsmitteln den Phosphorgehalt nicht erniedrigen. Nach *B. Rewald* [78] werden aber gerade Phosphatide in pflanzlichem Material durch Extraktion mit Aceton, Äthanol und Äthanol/Benzol 2: 8 bestimmt.

Legt man allerdings die oben angegebene Formel für eine Verbindung mit dem Molekulargewicht von 996 zugrunde und nimmt den chloroformlöslichen Anteil der Zweitextraktion mit Äthanol, in dem sich die Phosphatide befinden müßten, mit 0,2% (bezogen auf die Gesamtfaser) an, dann ist schon die Abnahme des P_2O_5-Gehaltes, bezogen auf die Baumwollfaser, nur 0,003%, wenn man 25% der mit 0,2% isolierten Wachsbestandteile als Phosphatide annimmt! Die Änderung des P_2O_5-Gehaltes liegt innerhalb der Fehlergrenze der Meßmethode, wenn $^1/_4$ des isolierten Wachses (bei der Zweitextraktion mit Äthanol) Phosphatide wären. Eine Tüpfelanalyse der Wachse aus der Zweitextraktion mit Äthanol aber mit einem Perchlorsäure-Ammoniummolybdatreagenz [79] verläuft ebenfalls negativ und deutet stark darauf hin, daß es die oben zitierten Phosphatide nicht gibt.

Für das Cutin der Baumwollfaserprimärwand fehlt bis heute eine nähere chemische Beschreibung und Definition. Zwar geben *V. W. Tripp* u. Mitarb. [80] den Gehalt an Cutin in der Baumwollfaserprimärwand mit 3,5% an, eine Beschreibung der Isolierung und quantitativen Bestimmung wird aber nicht gebracht.

In jüngster Zeit wollen *Stepanov* [81] u. Mitarb. den Nachweis erbracht haben, daß die Cellulose teilweise mit ihren Begleitstoffen in echten chemischen Bindungen steht. Leider ist aber diese Behauptung nur auf einen indirekten Beweis aufgebaut, auch werden mit keinem Wort die Natur bzw. der chemische Aufbau der Begleitstoffe beschrieben. Eine Vorstellung über die Art der chemischen Bindung ist nicht vorhanden. Es ist also nach den bisherigen Ergebnissen anzunehmen, daß die Verbindungen aus Aminosäuren, Glucose und Wachssäuren die Funktion eines Bindegliedes zwischen Wachs und Cellulose/Pektin übernehmen. Solche Verbindungen, die über den Aminosäurebaustein eine große Affinität zur Cellulose haben, werden auch seit langem industriell hergestellt [82]. Lamepon aus Eiweißspaltprodukten und Fettsäurechloriden, „Medialan A" – Farbwerke Höchst – aus Sarkosin und Ölsäurechlorid sind besonders in ihrer Kombination mit höheren *gesättigten* Fettsäuren (Stearinsäure) ausgesprochene Avivagemittel. Avivagemittel sind aber Stoffe, die eine große Affinität zur Faser haben und auf Grund ihrer Fettsäurekomponente eine sog. Wiederauffettung der Faser vornehmen und damit den Griff wesentlich verbessern.

Soll den im Chloroform löslichen Anteil des Äthanolextraktes vorkommenden Verbindungen diese Zwischengliedrolle zukommen, dann müssen diese Substanzen, obwohl sie in Chloroform gut löslich sind und in einem Zweiphasengemisch mit Wasser nur in der organischen Phase vorhanden sind (auf Grund des langen Wachssäurerestes!), auch beim Fehlen einer organischen Phase in Wasser löslich sein. Tatsächlich wird auch eine *getrübte, opalisierende, wäßrige Lösung von stark netzenden Eigenschaften erhalten*! Versetzt man diese wäßrige Lösung abermals mit Chloroform, so geht wieder vollständig und klar löslich die gesamte Substanz in die organische Phase über. Resultierend aus den Untersuchungen und zusammenfassend wird folgende allgemeine Formulierung für die Verbindungen aus Aminosäuren, Glucose und Wachssäuren vorgeschlagen, die sich im chloroformlöslichen Anteil eines Äthanolextraktes (Zweitextraktion) befinden.

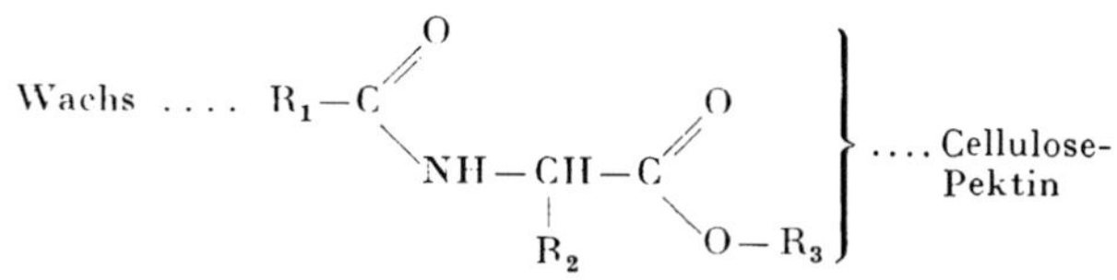

$R_1 > C_{21}H_{43}-$ (Behensäure)
(eventuell auch $C_{17}H_{35}-$, Stearinsäure)

R_2 kann sein Rest der:

Glutaminsäure	$-CH_2-CH_2-COOH$
Asparaginsäure	$-CH_2-COOH$
Leucin	$-CH_2-CH\begin{matrix}CH_3\\CH_3\end{matrix}$
Valin	$-CH\begin{matrix}CH_3\\CH_3\end{matrix}$
Alanin	$-CH_3$

Für R_3 kann stehen:

Wasserstoff, Glutaminsäure, Asparaginsäure, Leucin, Valin, Alanin und/oder Glucose

5 Zusammenfassung

1. Folgende Baumwollbegleitstoffe bzw. Baumwollbestandteile wurden quantitativ bestimmt: Gesamtstickstoff, Proteine, Wachs (Methylenchlorid/Äther-Extrakt), Wachs (Äthanolextrakt), Asche, Pektinstoffe, Gesamtphosphor (als P_2O_5) und die Feuchtigkeit (Wasserbestimmung).
2. Für alle drei Sorten der reifen Baumwollfasern wurden keine bedeutenden quantitativen Unterschiede in den Begleitstoffen gefunden.
3. Bei der Behandlung der Baumwollfasern mit Äthanol und anschließend mit heißem Wasser wird der Stickstoffgehalt in beiden Fällen stark erniedrigt. Bei der ersten Extraktion (Äthanol) werden freie Aminosäuren (evtl. Peptide) und bei der zweiten Extraktion (heißes Wasser) Proteine gelöst. Die Zusammensetzung der Extrakte wurde, bei den Proteinen nach einer sauren Hydrolyse, in fast allen Komponenten eindeutig bestimmt.
4. Von 15 gefundenen freien Aminosäuren wurden 11 identifiziert.
5. Von 18 Aminosäurebausteinen der Proteine wurden 12 bestimmt.
6. Unterschiede zwischen den Baumwollsorten verschiedener Anbaugebiete in Hinsicht auf die Aminosäurezusammensetzung sind nicht vorhanden.
7. Der Pektingehalt der reifen Baumwollsorten aus Nordamerika, Ägypten und der Sowjetunion wurde bestimmt, und es konnte kein nennenswerter Unterschied gefunden werden. Die Erscheinung, daß der Pektingehalt der unreifen sowjetischen Baumwollsorten wesentlich höher liegt als der Pektingehalt reifer Baumwollsorten, wurde an Hand des morphologischen Aufbaues der Baumwollfaser erklärt.
8. Als Hauptbestandteil der freien Zucker (Mono- und Oligosaccharide) wurde Glucose isoliert. Unter Ausschluß jeder Möglichkeit der hydrolytischen Bildung freier Zucker bei der Extraktion wurde erstmalig in einer natürlichen Faser Cellobiose und vermutlich auch Cellotriose gefunden.
9. Der Gehalt an organischen Säuren (Pflanzensäuren) ist in der Baumwollfaser nicht unbeträchtlich.
10. Auf papierchromatographischem Weg wurde erstmalig bewiesen, daß alle geradzahligen, gesättigten Monocarbonsäuren von C_{16} (Palmitinsäure) bis C_{34} (Tetratriakontansäure) im Baumwollwachs anwesend sind. Mit Abstand kommt am häufigsten die Dokosansäure (Behensäure) vor.
11. Die Wachsalkohole wurden mit Hilfe der Dünnschicht-Chromatographie untersucht; dabei wurde bewiesen, daß niederere Alkohole als C_{24} nicht anwesend sind.
12. Die Wachse (Methylenchlorid/Äther-Extrakt) wurden neben den rein chemischen Untersuchungen auch vergleichend mit Hilfe der IR-Spektroskopie analysiert.
13. Eine Extraktion der Fasern mit Methylenchlorid/Äther oder Äthanol führt zu unterschiedlichen quantitativen Ergebnissen an isolierbaren Begleitstoffen.
    Im Äthanol-Extrakt sind Stoffe enthalten, die das Bindeglied zwischen hydrophobem Wachs und der hydrophilen Cellulose bzw. Pektin darstellen. Bisher waren dafür mehr oder minder spekulativ Phosphatide oder sog. Cutin angenommen worden.
14. Diese neu gefundenen Stoffe enthalten Wachssäuren, die über eine Peptidbindung vorwiegend an Aminodicarbonsäuren (Glutaminsäure, Asparaginsäure), aber auch an Alanin, Valin und Leucin gebunden sind. Ebenfalls ist Glucose, wahrscheinlich über die Esterbindung, in diesen Verbindungen enthalten. Die Ähnlichkeit dieser Verbindungen mit schon seit langem technisch erzeugten Textilhilfsmitteln mit ausgesprochenen Avivageeigenschaften wird gezeigt.
15. Die qualitativen und quantitativen Phosphorbestimmungen geben keinen Anhaltspunkt dafür, daß die in der Literatur beschriebenen Phosphatide als Bindeglied zwischen Wachs und Cellulose in der Baumwollfaser vorhanden sind. Der größte Teil des Phosphors stammt aus wasserlöslichen Phosphaten, die aber nicht nur anorganische Salze, sondern auch Salze der sauren Phosphorsäure-Zucker-Ester sein können.
16. Der einzige bemerkenswerte Unterschied zwischen den in der vorliegenden Arbeit untersuchten reifen Baumwollsorten ist beim unverseifbaren Anteil des Baumwollwachses festzustellen.
17. Die Arbeiten über die Baumwollfaserbegleitstoffe werden fortgesetzt.

Literatur

[1] *Rath, H.*, Lehrbuch der Textilchemie. Berlin/Göttingen/Heidelberg: Springer 1963.
[2] *Hartenhauer, H.-P.*, Die Reifegradbestimmung der Baumwolle unter spezieller Berücksichtigung der sowjetischen und tschechoslowakischen Normen. D. Textiltechnik **8** (1958) S. 330—333.
[3] *Tschilikin, M. M.* (*Čilikin, M. M.*), Stickstoff in Baumwolle und Leinen. Melliand Textilber. **10** (1929) S. 883 bis 885.
[4] *Freiberger, M.*, Die Rolle der Baumwollproteine in der Bleiche. Melliand Textilber. **14** (1933) S. 302.
[5] *Herzog, A.*, Ursache der natürlichen Färbung tierischer und pflanzlicher Faserstoffe. Melliand Textilber. **33** (1952) S. 1073.
[6] *Lübke, A.*, Farbig gezüchtete Baumwolle. Textil-Praxis **5** (1950) S. 767—769.
[7] *Simon, S. A.*, und *Harmon, C.*, Die Farbe der Baumwolle. Textile Res. J. **24** (1954) S. 12—16.
[8] *Turner, A. I.*, Langfaserpflanzen: Struktur. J. Textile Institute **40** (1949) S. P973—P984.
[9] *McCall, E. R.*, und *Jurgens, J. F.*, Die chemische Zusammensetzung der Baumwolle. Textile Res. J. **21** (1951) S. 19—21.
[10] *Kursanov, A. L.*, und *Vyskrebenceva, E. J.*, Änderungen der Zusammensetzung der Baumwollfaser im Zusammenhang mit der Cellulosesynthese. Biochemija (Biochemie) **17** (1952) S. 480—487.
[11] *Šapošnikow, V. G.*, und *Tišvinskij, V. M.*, Über die chemische Zusammensetzung der Baumwolle der Sowjetunion. Sb. Inst. Chem. Technol. Akad. Nauk. Ukr. SSR (1937) 2, S. 43—51 (ukrainisch).
[12] *Vadimovič, I. I.*, Untersuchungen der chemischen Zusammensetzung der ukrainischen Baumwolle der Ernte des Jahres 1934 und 1935. Sb. Inst. Chem. Technol. Akad. Nauk. Ukr. SSR (1938) 7, S. 83—95 (ukrainisch).
[13] *Conrad, C. M.*, Bestimmung von Wachs in Baumwollfasern. Ind. Engng. Chem., anal. Edit. **16** (1944) S. 745 bis 748.
[14] *Hartmann, O.*, Über die Begleitstoffe der Baumwolle. Dissertation TH Stuttgart 1927.
[15] *Frieser, E.*, Die quantitative Bestimmung und Untersuchung der Begleitstoffe in Pflanzenfasern. II. Mitt. Textil-Rdsch., St. Gallen **16** (1961) S. 304—314.
[16] *Walker, A. C.*, und *Quell, M. H.*, Natürlich vorkommende Aschebestandteile von Baumwolle. J. Textile Inst. **24** (1933) S. T131—T144.
[17] *Whistler, R. L.*, *Martin, A. R.*, und *Harris, M.*, Die Pektinsubstanz in Baumwolle und ihre Beziehung zu den Eigenschaften der Faser. Amer. Dyestuff Rep. **13** (1940) S. 252—258.
[18] *Walker, A. C.*, Feuchtigkeit in Textilien. J. appl. Physics **8** (1937) S. 261—268.
[19] *Frieser, E.*, Die quantitative Bestimmung und Untersuchung der Begleitstoffe in Pflanzenfasern. I. Mitt. Textil-Rdsch. **15** (1960) 9, S. 472—484; 11, S. 591—595; **16** (1961) 2, S. 76—81.
[20] *Nickerson, R. F.*, Baumwollfasern, Zusammensetzung, Struktur und mechanische Eigenschaften. Ind. Engng. Chem., ind. Edit. **32** (1940) S. 1454.

[21] *Viktorov, P. P.*, und *Sokolova, N. M.*, Der Einfluß natürlicher Beimengungen der Cellulose auf die Anfärbbarkeit der Baumwollfaser. IV. Mitt. Der Einfluß von stickstoffhaltigen Anteilen der Baumwolle auf ihre adsorptiven Eigenschaften. Ž. prikl. Chimii (Z. angew. Chemie) **12** (1939) S. 440—450.

[22] *Tschilikin, M. M.*, (*Čilikin, M. M.*), Chemie des Beuchens. Melliand Textilber. **9** (1928) S. 397—404.

[23] *Friedman, L.*, und *Kline, O. L.*, Die Aminosäure/Zucker-Reaktion. J. biol. Chemistry **184** (1950) S. 599—606.

[24] *Cavalieri, L. F.*, und *Wolfrom, M. L.*, Chemische Wechselwirkung zwischen Aminoverbindungen und Zuckern. J. americ. chem. Soc. **68** (1946) S. 2022—2025.

[25] *Ridge, B. P.*, Die chemische Analyse von Baumwolle. Die Bestimmung von Stickstoff in Baumwolle. J. Textile Inst. **15** (1924) S. T94—T103.

[26] *Knecht, E.*, und *Hall, W.*, Weitere Untersuchungen über die Bestandteile der Baumwolle. J. Soc. Dyers Colourists **34** (1918) S. 220.

[27] *Higgins, S. H.*, Entfernung von Stickstoff aus Pflanzenfasern beim Bleichprozeß. J. Soc. Dyers Colourists **35** (1919) S. 165—169.

[28] *Piez, K. A.*, *Tooper, E. B.*, und *Fosdick, L. S.*, Entsalzung von Aminosäurelösungen durch Ionenaustausch. J. biol. Chemistry **194** (1952) S. 669.

[29] *Zahn, H.*, Über die Darstellung mikrobiologisch resistenter Wolle durch chemische Modifizierung. 2. Mitt. Melliand Textilber. **35** (1954) S. 162—167.

[30] *Ter-Karapetjan, M. A.*, und *Ogandzanjan, A. M.*, Aminosäuren, Begleitstoffe der Hemicellulosen, Cellulose- u. Ligninfraktion pflanzlicher Gewebe. Dokl. Akad. Nauk, SSSR (Ber. Akad. Wiss. UdSSR) **131** (1960) S. 1187 bis 1190.

[31] *Ehrlich, F.*, Die Chemie des Pektins und seine Beziehungen zur Bildung der Inkrusten der Zellulose. In.: *Klein*, Handbuch der Pflanzenanalyse 3 I, S. 80 ff.

[32] *Heß, K.*, Die morphologischen Faktoren in Zellulosefasern und ihre Beeinflussung für chemische Umsetzungen. Kunstseide u. Zellwolle **27** (1949) S. 37—50.

[33] *Heß, K.*, Über Feinbau und Eigenschaften bei natürlichen und künstlichen Faserstoffen. Melliand Textilber. **24** (1943) S. 289.

[34] *Stark* jun., *M. S.*, Die Bestimmung der Pektinsubstanz in Baumwolle. Analytic. Chem. **22** (1950) S. 1158.

[35] *McComb, E. A.*, und *McCready, R. M.*, Kolorimetrische Bestimmung von Pektinstoffen Analytic. Chem. **24** (1952) S. 1630.

[36] *Narayan Rao, R.*, *Bhujang, K. S.*, und *Narsjun-dagya, C.*, Pektin- und Wachsgehalt von Baumwolle und ihre Beziehung zu deren physikalischen Eigenschaften. J. Sci. Industr. Res. **17B** (1958) S. 320—323.

[37] *Schneider, G. G.*, und *Bock, H.*, Über die Bestimmung der Pektinstoffe. Angew. Chemie **51** (1938) S. 94—97.

[38] *Viktorov, P. P.*, und *Fridland, G. I.*, Der Einfluß natürlicher Beimengungen der Cellulose auf die Anfärbbarkeit der Baumwollfaser. Der Gehalt an Pektinsubstanz in den Baumwollfasern. Ž. prikl. Chimii (Z. angew. Chemie) **12** (1949) 1, S. 113—123.

[39] *Kutz, V.*, *Kutz, V.*, und *Ott, J.*, Die Rolle der Begleitsubstanzen bei der photometrischen Bestimmung der Galakturonsäure. Elelmezesi Ipar **11** (1957) S. 71—73 (ungarisch).

[40] *Nickerson, R. F.*, und *Leape, C. B.*, Verteilung der Pektinsäure in Baumwollfasern. Ind. Engng. Chem., ind. Edit. **33** (1942) S. 83—86.

[41] *Heuser, E.*, und *Green, I. W.*, Verhalten von Baumwollfasern bei der Einwirkung von Ammonoxalat und Cuprammoniumlösung. Ind. Engng. Chem., ind. Edit. **33** (1942) S. 868—872.

[42] *Bonnet, L.*, Die asische (enzymatische) Entfernung der Pektin- und Proteinbegleitstoffe des Leinens und der Baumwolle. Teintex. **8** (1943) S. 175—176.

[43] *Treiber, E.*, Die Chemie der Pflanzenzellwand. Berlin-Göttingen-Heidelberg: Springer 1957. S. 224.

[44] *Das, D. B.*, *Chitra, M. K.*, und *Wareham, J. F.*, Die Struktur der α-Cellulose von Baumwolle. Nature, London **174**, S. 1058—1059.

[45] *Chollet, M. M.*, und *Vautier, H.*, Vergleichende Untersuchung zwischen roher Karnak- und ägyptischer Sudan-Baumwolle vom Standpunkt des nicht-cellulosischen Carbohydrat-Gehaltes. C. R. hebd. Seances Acad. Sci. **245** (1957) S. 1160—1162.

[46] *Micheel, F.*, Chemie der Zucker und Polysaccharide. 2. Auflage. Akad. Verlagsges. Geest & Portig, 1956 S. 391.

[47] *Cramer, F.*, und *Steinle, D.*, Die Wirkungsweise der Amylase aus Bacillus macerans. Liebigs Ann. Chemie **595** (1955) S. 81—100.

[48] Sprühreagenz für nichtreduzierende Zucker und Zuckeralkohole. Bull. Soc. Chim. France **19** (1952) S. 875.

[49] *Pridham, J. B.*, Bestimmung von Zucker auf Papierchromatogrammen mit *p*-Anisidinhydrochlorid. Analytic Chem. **28** (1956) S. 1967—1968.

[50] *Albers, P.*, und *Freiskorn, R.*, Quantitative Zuckerbestimmung mit Hilfe der Papierchromatographie. Liebigs Ann. Chemie **622** (1959) S. 150—159.

[51] *McCall, E. R.*, und *Guthrie, J. D.*, Rohe Baumwollfasern: Gehalt an organischer Säure. J. amer. chem. Soc. **67** (1945) S. 2220—2221.

[52] *Gregory, J. E.*, und *Merola, G. V.*, Isolation und Identifizierung von Fumarsäure in Rohbaumwollfasern. Textile Res. J. **28** (1958) S. 813—814.

[53] *Buch, M. L.*, *Montgomery, R.*, und *Porter, W. L.*, Identifizierung organischer Säuren auf Papierchromatogrammen. Analytic. Chem. **24** (1952) S. 489.

[54] *Schweppe, H.*, Dissertation Münster 1954. In: *Cramer, F.* Papierchromatographie. 1. Auflage. Weinheim: Verlag Chemie 1958, S. 156.

[55] *Kollmann, I.*, Untersuchungen über den Beuchvorgang. Melliand Textilber. **18** (1937) S. 994—997.

[56] *Baier, H.*, Die Rolle des Baumwollwachses bei der Bleiche. Neues Verfahren für hydrophile Ware. Textil-Praxis **10** (1955) S. 480—482.

[57] *Clifford, P. H.*, und *Probert, M. E.*, Die Bestandteile des Wachses amerikanischer Baumwolle (Mississippi-Delta). J. Textile Inst. **15** (1924) S. T401—T413.

[58] *Fargher, R. G.*, und *Probert, M. E.*, Die Bestandteile des Benzolextraktes von amerikanischen Baumwollen. J. Textile Inst. **14** (1923) S. T49—T65.

[59] *Fargher, R. G.*, und *Higginbotham, L.*, Die Bestandteile des Wachses von ägyptischer Baumwolle. J. Textile Inst. **15** (1924) S. T419—T434.

[60] *Fieser, L.*, und *Fieser, M.*, Steroide. Weinheim: Verlag Chemie 1961. S. 401.

[61] *Tonn, W. H.*, und *Schoch, E. P.*, Baumwollwachs, Eigenschaften und Zusammensetzung. Ind. Engng. Chem. **38** (1946) S. 413—416.

[62] *Melzer, D.*, Diplomarbeit. TH Dresden, Inst. für Textilchemie 1960.

[63] *Tonn, W. H.*, und *Schoch, E. P.*, Baumwollwachs, Löslichkeit in kommerziellen Lösungsmitteln. Ind. Eng. Chem. **38** (1946) S. 415—416.

[64] Vorläufiger Normenentwurf Nr. 65, British Standard Institution: Die Bestimmung von Ölen, Fetten und Wachsen in Baumwollen. J. Textile Inst. **51** (1960) S. P660—P662.

[65] *Meyer, H.*, Erfahrungen bei der Fettbestimmung auf Textilien. Faserforschung. u. Textiltechn. **3** (1952) S. 45 bis 58.

[66] *Primas, H.*, und *Günthard, H.*, UR-Spektren von Kettenmolekülen der Formel $R'CO(CH_2CH_2)nCOR''$ II. Die normale Symmetrieschwingungen des Typs *Bu*. Helvetica chim. Acta, Basel **36** (1953) S. 1791.

[67] *Spengler, G.*, und *Hauf, G.*, Über die Zerlegung von Kohlenwasserstoff-Gemischen mit Hilfe adsorptiver und präparativer Methoden und deren Anwendung auf Wachse. I. II. Fette-Seifen-Anstrichmittel **59** (1957) S. 509—514; S. 607—611.

[68] *Kaufmann, H. P.*, und *Pollerberg, J.*, Die qualitative und quantitative Papierchromatographie der Wachssäuren nach einem neuen Verfahren (Allylester-Verfahren.) Fette-Seifen-Anstrichmittel **59** (1957) S. 815 bis 819.

[69] *Kaufmann, H. P.*, und *Makus, Z.*, Die Dünnschichtchromatographie auf dem Fettgebiet. I. Trennung von Modellmischungen. Fette-Seifen-Anstrichmittel **62** (1960) S. 1014—1020.

[70] *Jungkunz, R.*, Das Harz in der Seifenindustrie und einige Betrachtungen über Harzbestimmungsmethoden. Seifensieder-Ztg. **48** (1921) S. 653 u. 675.
[71] *Wagner, Abisch* und *Bernhard*, Zur papierchromatographischen Analyse von Fettsäuregemischen aus gesättigten und ungesättigten Fettsäuren mit 12-22 C-Atomen. Helvetia chim. Acta, Basel **38** (1955) S. 1536 bis 1541.
[72] *Gattermann/Wieland*, Die Praxis des organischen Chemikers. 35. Auflage. Walter de Gruyter Verlag, 1953, S. 42.
[73] *Cramer, F.*, Papierchromatographie. 4. stark erw. Auflage. Weinheim: Verlag Chemie 1958. S. 97.
[74] *Randerath, K.*, Dünnschichtchromatographie. Weinheim: Verlag Chemie 1962. S. 132 ff.
[75] *Heß, K.*, *Wergin, W.*, und *Kiessig, H.*, Zur Frage des Aufbaues der Primärwand. Planta **33** (1942) S. 151 bis 160.
[76] *Frey-Wyßling, A.*, Submikroskopische Morphologie des Protoplasmas und seiner Derivate. Berlin 1938.
[77] *Härtel, O.*, Biol. generalis, Wien **19** (1950) S. 193.
[78] *Rewald, B.*, Über den Phosphatidgehalt der Organe bei Verfütterung großer Mengen von Phosphatiden. Biochem. Z. **198** (1928) S. 103—111;
—, Über den normalen Lipoidgehalt einiger Organe. 2. Mitt. über Lipoide. Biochem. Z. **202** (1928) S. 99—105
—, Einwirkung von Erhitzen auf Lipoide. 4. Mitt. über Lipoide. Biochem. Z. **202** (1928) S. 394—398.
—, Lipoidgehalt in Fischorganen. 6. Mitt. über Lipoide. Biochem. Z. **206** (1929) S. 275—281.
[79] *Cramer, F.*, [73], S. 136.
[80] *Tripp, V. W.*, und *Rollins, M. L.*, Einige Beobachtungen über die Konstitution der Primärwand der Baumwollfaser. Textile Res. J. **21** (1951) S. 886—894.
[81] *Stepanov, B. I.*, *Skrigan, A. I.*, *Šiško, A. M.*, und *Žbankov, R. G.*, Über die Bindung der Cellulose mit ihren Begleitern im Pflanzengewebe. Dokl. Akad. Nauk, SSSR (Ber. Akad. Wiss. UdSSR) **135** (1960) S. 624—626.
[82] *Lindner, K.*, Textilhilfsmittel und Waschrohstoffe. Stuttgart: Wiss. Verlagsges. 1954, S. 329ff.

Eingegangen am 17. August 1963

Kurze Mitteilungen[1)]

Über die Bildungsweise der beim Verspinnen von Polyacrylnitril-Lösungen unter bestimmten Bedingungen entstehenden Radialkapillaren

DK 677.494.745.32:677.494.021.5.001.11

In den letzten Jahren sind zahlreiche Arbeiten erschienen, die dem Fadenbildungsprozeß beim Verspinnen von Polyacrylnitril-Lösungen gewidmet waren. Hierbei wurde das Augenmerk immer wieder auf die während der Koagulation der Polymerlösung entstehenden Radialkapillaren gelenkt, die sich besonders deutlich im Faserquerschnitt zeigen, so daß dieser von vielen Autoren als Vergleichsgröße herangezogen wird, zumal auch die Querschnittsform durch die Spinnbedingungen in charakteristischer Weise beeinflußt wird [1—7]. Es wurde gefunden, daß sich mit steigendem Lösungsmittelgehalt in Wasser-Lösungsmittel-Spinnbädern (z. B. Wasser und Dimethylformamid) sowie sinkender Spinnbadtemperatur und bei Einsatz bestimmter Copolymeren weniger Radialkapillaren in der Faser bilden; bei der Wahl nichtwäßriger Fällbäder kann das Auftreten mikroskopisch sichtbarer Hohlräume sogar ganz ausbleiben.

Eine umfassende Theorie, die all diese Beobachtungen zufriedenstellend erklärt, ist jedoch bisher nicht gegeben worden. *Gröbe* und *Meyer* [1] versuchten, die Bildung der Radialkapillaren durch osmotische Vorgänge und die Schrumpfung des Faserkerns bei starrem Fasermantel zu erklären. *Craig, Knudsen* und *Holland* [5] sahen die Ursache für das Entstehen der Faserhohlräume in Unebenheiten der Düsenbohrungen. Wir haben deshalb an Fasern und Modellen Untersuchungen durchgeführt, die zeigen, daß die Bildung der Radialkapillaren bei der Koagulation ungeladener Makromoleküle auf die gleichen Erscheinungen zurückzuführen ist, wie sie bei der Erzeugung ionotroper Gele beobachtet worden sind [8, 9].

Der entscheidende Schritt für das Entstehen kapillarer Hohlräume ist die durch das Fällungsmittel hervorgerufene tropfige Entmischung der äußersten Schicht der Polymerlösung, d. h., daß beim Aufbau der die noch nicht koagulierte Lösung umgebenden Primärmembran die Solvatflüssigkeit in Form sehr kleiner Tröpfchen ausgeschieden wird. Diese in der Membran befindlichen Lösungsmitteltröpfchen, die geringe Mengen Fällungsmittel enthalten, werden nun mit Voranschreiten der Desolvatation sich ständig substanzmäßig erneuernd und bis zu einer bestimmten Größe anwachsend vor der eigentlichen Diffusionsfront her ins Faserinnere geschoben und prägen dem entstehenden Gel formgebend eine Kapillarstruktur auf. Die Vorgänge in der Grenzschicht Sol/Gel sind insbesondere auch für die um die mit flüssiger Phase (z. B. Wasser und Dimethylformamid) angefüllten Hohlräume entstehende Ordnung von Bedeutung. Von uns durchgeführte polarisationsoptische Untersuchungen lassen auf eine mehr oder weniger starke tangentiale Orientierung der Makromoleküle schließen, wie sie bei der geordneten Koagulation von Polyelektrolytsystemen nachgewiesen wurde [8, 9]. Der Abbruch der Kapillarenbildung erfolgt dann, wenn auf Grund der stetig langsamer werdenden Nachdiffusion des Fällungsmittels die Bedingungen für die zur Entstehung von Kapillaren führende Entmischung nicht mehr erfüllt sind.

Durch diese hier nur kurz skizzierte Theorie finden die oben aufgeführten Feststellungen über die Beeinflussung des Aufbaues sowie der Größe kapillarer Hohlräume eine Erklärung. Wir werden demnächst in dieser Zeitschrift über die zugrundeliegenden experimentellen Ergebnisse, in die auch elektronenmikroskopische Untersuchungen an Faserquerschnitten eingeschlossen sind, ausführlich berichten.

Literatur

[1] *Gröbe, V.*, und *Meyer, K.*, Faserforsch. u. Textiltechn. **10** (1959) S. 214—224.
[2] *Gröbe, V.*, Faserforsch. u. Textiltechn. **11** (1960) S. 53 bis 62.
[3] *Gričina, T. Ja.*, *Mičurina, G. A.*, und *Pakšver, E. A.*, Chim. Volokna (Chem. Fasern) **1** (1959), 4, S. 13—15.
[4] *Takahashi, M.*, und *Watanabe, M.*, J. Soc. Textile Cellulose Ind. Japan **15** (1959) S. 951—959.
[5] *Craig, J. P.*, *Knudsen, J. P.*, und *Holland, V. F.*, Textile Res. J. **32** (1962) 6, S. 435—448.
[6] *Ulbricht, J.*, und *Tscho, Son Din*, Faserforsch. u. Textiltechn. **13** (1962) S. 495—501.
[7] *Knudsen, J. P.*, Textile Res. J. **33** (1963), 1, S. 13—20.
[8] *Thiele, H.*, und Mitarbeiter, zahlreiche Veröffentlichungen seit 1947 in Z. Naturwissenschaften und vor allem in Kolloid-Z.
[9] *Gröbe, A.*, *Purz, H.-J.*, *Maron, R.*, und *Klare, H.*, Faserforsch. u. Textiltechn. **14** (1963) S. 347—351.

Gerhard Mann, Volker Gröbe, Hans-Joachim Purz und *Anneliese Gröbe*

Deutsche Akademie der Wissenschaften zu Berlin, Institut für Faserstoff-Forschung in Teltow-Seehof

Eingegangen am 25. Februar 1964

1) Die Veröffentlichung der „Kurzen Mitteilungen" erfolgt unter alleiniger Verantwortung der Verfasser.

Probleme der Glasseidentechnologie

Wissenschaftliches Kolloquium im Institut für Technologie der Fasern der DAW in Dresden

Direktor: Prof. Dr.-Ing. habil. *W. Bobeth*

DK 677.521:061.3.055.1(430.2—2.73)

Vom 16. bis 18. 10. 63 fand in Dresden das unter obengenanntem Thema stehende Kolloquium statt, zu dem das Institut für Technologie der Fasern, Dresden, der Deutschen Akademie der Wissenschaften zu Berlin, eingeladen hatte. Der Institutsdirektor, Prof. Dr.-Ing. habil *W. Bobeth*, konnte als Gäste Experten aus der ČSSR und aus der Volksrepublik Polen sowie auf dem Gebiet der Glaserzeugung, der Glasseidentechnologie und der Glasseidenverarbeitung in Industrie, Projektierung, Verwaltung, Forschung und Lehre tätige Fachkollegen aus der DDR begrüßen. Leider war es den Referenten aus der SU und aus der VR Ungarn nicht möglich, an der Veranstaltung teilzunehmen. Die Zahl der Gäste lag — entsprechend der Thematik der einzelnen Tage — zwischen 40 und 80 Personen.

Der erste Tag war den Problemen des Glases gewidmet. Am zweiten Tag wurden Fragen der Erzeugung von Glasseide sowie deren Eigenschaften und Prüfung behandelt, und am dritten Tag standen Probleme der Behandlung von Glasseidengeweben zum Einsatz für die Kunststoffverstärkung sowie spezielle Fragen der glasfaserverstärkten Kunststoffe im Vordergrund.

Dipl.-Ing. *H.-J. Becker*, Institut für Glastechnik, Torgau:

Probleme der borsäure- und alkalifreien Gläser für Glasseide

Einleitend war das für die Herstellung von Glasseide international gebräuchliche „E-Glas", ein alkalifreies Borosilikatglas mit 5 bis 14% B_2O_3, Gegenstand der Betrachtungen. Da Borsäure einen Engpaßrohstoff darstellt, besteht das Ziel von Entwicklungsarbeiten verschiedener Länder darin, ein borsäure- und alkalifreies Glas zu schaffen, dessen Eigenschaften denjenigen des E-Glases entsprechen.

Durch Schwächung der SiO_2-Struktur verleiht B_2O_3 dem Glas gute Schmelzeigenschaften, ohne jedoch die Entglasungsfestigkeit herabzusetzen. Da als Ersatz für Borsäure vorwiegend Rohstoffe in Frage kommen, die als Netzwerkwandler wirken, ist damit zu rechnen, daß borsäure- und alkalifreies Glas eine stärkere Neigung zur Entglasung zeigt als das klassische E-Glas. Deshalb wird angestrebt, daß die Liquidustemperatur[1]) möglichst weit unterhalb der Ziehtemperatur liegt.

Im Anschluß an eine Übersicht über aus der Literatur bekannte borsäure- und alkalifreie Gläser berichtete der Referent von eigenen, noch nicht abgeschlossenen Arbeiten. Er ging dabei von einer aus folgenden Komponenten bestehenden Grundzusammensetzung aus:

$$SiO_2,\ Al_2O_3,\ BaO,\ ZnO,\ MgO,\ CaO;$$

später wurde dann noch PbO, V_2O_5 und TiO_2 zugegeben.

Durch Veränderung der einzelnen Bestandteile wurde der Einfluß auf die physikalischen Eigenschaften der Glasproben untersucht, die im Labor in einem 100 ml-Platintiegel erschmolzen wurden.

Die auf Grund der physikalischen Daten als günstig befundenen Glaszusammensetzungen wurden anschließend mit einer Eindüsenwanne und zwei davon mit einer industriell üblichen 100-Düsen-Wanne erprobt. Während nach den Ergebnissen der Eindüsenwanne eine Reihe von Gläsern als gut spinnbar beurteilt werden konnten, schlugen die Versuche mit der 100-Düsen-Wanne fehl. Durch häufig auftretende Gesamt- und Einzelabrisse kam der Spinnprozeß praktisch nicht in Gang, Zu hohe Inhomogenitäten durch zu niedrige Schmelztemperaturen, zu geringe Menge des Glases und ihr Vorliegen nicht in Kugelform, sondern als Brocken, sowie ein zu geringer Abstand zwischen Zieh- und Liquidustemperatur wurden als Ursache für diesen fehlgeschlagenen Erprobungsversuch erkannt. Zusammenfassend äußerte sich der Referent jedoch optimistisch: Es kann angenommen werden, daß sich bei geeigneter Kombination und unter Verwendung von Schmelzbeschleunigern ein Glas mit ähnlichen Eigenschaften wie das E-Glas — jedoch mit Ausnahme der Entglasungsfestigkeit, die nicht zu erreichen ist — herstellen läßt.

In der Diskussion wurde einesteils vor zu großem Optimismus gewarnt, andernteils wurde auch auf einen Wandel in den Ansichten der Kunststoffverarbeiter hingewiesen, der sich in den letzten Jahren vollzogen hat. Während früher unbedingt alkalifreie Glasseide erforderlich war, sei heute auch alkalihaltige Glasseide für bestimmte Anwendungszwecke zur Kunststoffverstärkung einsetzbar.

Dipl.-Ing. *M. Kučera*, C. Sc., SVÚS, Hradec Králové, ČSSR:

Der Einfluß der feuerfesten Baustoffe auf die Qualität von E-Glas

In den letzten Jahren werden zum Bau von Schmelzwannen für Glas in zunehmendem Maße feuerfeste Baustoffe eingesetzt, die einen hohen Anteil Zirkonoxyd (ZrO_2) enthalten. Mit ihnen lassen sich im Vergleich zu Quarzgut und Cohard-Zac[2]) längere Wannenreisen erzielen.

Da die Wannenbaumaterialien von geschmolzenem Glas mehr oder weniger stark ausgewaschen werden und somit in das Glas eingehen, treten durch kristalline Verunreinigungen im Glas Abrisse an den Düsen und bei großen Teilchen Verstopfungen der Düsen auf. Aus diesem Grunde war die Untersuchung der Einsatzmöglichkeit eines zirkonhaltigen, feuerfesten Baustoffes im Vergleich zu Quarzgut und hochtonerdehaltigen Steinen — betrachtet vom Standpunkt der Glasqualität aus — von besonderem Interesse.

Nach einer Literaturübersicht über den noch nicht völlig aufgeklärten Chemismus des Zirkonoxids berichtete der Referent über eigene Arbeiten zur praktischen Erprobung von „Triangelzirkonium" der Firma Morganit, Ltd., England, gegenüber Quarzgut und Cohard-Zac. Die Zirkonsteine enthielten 64,7% ZrO_2 und 34,5% SiO_2; der Rest bestand aus Al_2O_3, Fe_2O_3 und TiO_2.

Hinsichtlich des Schmelzprozesses bestätigte sich die Überlegenheit des Triangelzirkoniums, das wesentlich weniger vom Glas ausgewaschen wurde als die beiden anderen Materialien. Anschließend wurde das erschmolzene und zu Kugeln geformte Glas im Düsenziehverfahren zu Glasseide versponnen, und es wurden die dabei auftretenden Fadenabrisse einer näheren Prüfung unterzogen. Der Referent zeigte anhand von Mikrofotos charakteristische Verunreinigungen, die zu Fadenabrissen geführt hatten. Die Bestimmung dieser Verunreinigung erfolgte röntgenographisch.

In dem einen Fall handelte es sich um kristalline Zirkon- und Baddelaitgebilde, die durch Auswaschung der zirkonhaltigen Wannenbausteine entstanden. Da diese Kristalle eine hohe Dichte besitzen, kommt es zu Anhäufungen am Düsenboden der Platinwanne und als Folge davon zu Abrissen und Verstopfungen. Durch die mit einer Platinwanne erreichbaren Temperaturen lassen sie sich nicht auflösen, so daß eine Reinigung der Wanne kaum möglich erscheint und eine derartig verunreinigte Wanne ausgetauscht werden muß.

Im anderen Falle handelt es sich um Silicium- und Aluminium-Kristalle (Cristobalit bzw. Mullit). Ihrer Entstehung kann einesteils durch eine geeignete Temperaturführung beim Erschmelzen des Glases vorgebeugt werden, andernteils ist eine periodische Reinigung der Platinwanne durch Temperaturerhöhung möglich. Deshalb sind derartige Verunreinigungen — wenn auch unerwünscht — so doch für die Spinnaggregate weniger gefährlich.

Zusammenfassend hob der Referent hervor, daß im Hinblick auf die Glasqualität zirkonfreie, feuerfeste Baustoffe zum Schmelzen von Glas für die Glasseidenerzeugung besser geeignet sind als die im Hinblick auf ihre Haltbarkeit verlockenden zirkonhaltigen Steine.

[1]) Mit Liquidustemperatur wird die obere Temperatur des Kristallisationsbereiches bezeichnet; sie wird mit Hilfe eines Gradientenofens bestimmt.

[2]) Handelsbezeichnung für schmelzflüssig gegossene Cohardsteine mit hohem Anteil von Tonerde.

Probleme der Glasseidentechnologie (Kolloquium)

Dr.-Ing. *R. Barthel* und Textiling. *G. Wolf*, Institut für Technologie der Fasern der DAW in Dresden (vorgetragen von *Barthel*):

Einfluß spinntechnologischer Bedingungen auf die Eigenschaften von Glasseiden

Eingangs wurden Ergebnisse anderer Autoren angeführt, die sich mit den die Glasfaserfestigkeit beeinflussenden Faktoren beschäftigten, und das derzeitige Bild, das man sich von der Struktur der Glasfasern macht, kurz umrissen.

Im Gegensatz zu den meisten in der Literatur erwähnten Arbeiten wurden für die eigenen Untersuchungen nicht spezielle Laboreinrichtungen — wie z. B. Eindüsen-Platinwannen — verwendet, sondern mit einem technischen Aggregat (100 Düsen — Platinwanne, E-Glas, normale Aufspuleinrichtung, Standard-Paraffin-Emulsionsschlichte) unter technischen Bedingungen gearbeitet. Die Spinnfäden wurden auf einem üblichen Zugfestigkeitsprüfer, allerdings mit abgewandelten Klemmen, bei 500 mm Einspannlänge und nach genormten Prüfbedingungen untersucht.

Es bereitet Schwierigkeiten, den Einfluß, den einzelne Faktoren wie Temperatur der Glasmasse, Ziehgeschwindigkeit, Höhe des Glasstandes, Feinheit der Glasfaser, auf die Eigenschaften der Glasseide haben, voneinander zu trennen, da sich bei Änderung eines Parameters stets andere mit verändern, was die Auswertung der Versuche kompliziert.

In einer ersten Versuchsreihe wurde die Abhängigkeit des Durchsatzes, d. h. der pro Zeiteinheit aus dem Düsenboden austretenden geschmolzenen Glasmenge, von der Temperatur, dem Glasstand und der Ziehgeschwindigkeit untersucht, wobei zur Temperatur annähernd quadratische, zum Glasstand lineare und zur Ziehgeschwindigkeit im dargestellten Bereich (1000 bis 3000 m/min) keine Abhängigkeiten bestehen.

Für die Festigkeit konnte weder eine Abhängigkeit von der Feinheit der Fäden, wie viele Autoren beschrieben haben, noch vom Verstreckverhältnis oder anderen Faktoren gefunden werden, sondern eindeutig nur von der Ziehgeschwindigkeit, wobei mit zunehmender Ziehgeschwindigkeit auch die Glasseidenfestigkeit ansteigt. Diese Abhängigkeit gilt im gesamten untersuchten Nummernbereich von Nm 10 (100 tex) bis Nm 130 (7,6 tex). Die Festigkeit der Glasseidenfäden setzt sich nach diesen Ergebnissen aus einem Grundbetrag (ca. 10 Rkm ≙ 25 kp/mm^2 ähnlich Massivglas) und einem von der Ziehgeschwindigkeit abhängigen Zusatzbetrag zusammen. Ähnliche Aussagen wurden für die Bruchdehnung gemacht, für die ebenfalls nur die Ziehgeschwindigkeit — mit wachsender Ziehgeschwindigkeit zunehmende Bruchdehnungswerte — von Belang ist.

Weitere Untersuchungen bezogen sich auf den E-Modul, der eindeutig mit der Reißlänge der Fäden, d. h. zugleich mit der Ziehgeschwindigkeit zunimmt, sowie auf die Streuung der Nummern- und Festigkeitswerte in Abhängigkeit verschiedener technologischer Parameter. Auf mögliche Zusammenhänge zwischen dem Spinnprozeß und den Eigenschaften thermisch nachbehandelter Glasseidenprodukte wurde hingewiesen.

In der Diskussion kam die Sprache auf die Problematik der Deutung von Spinnversuchsergebnissen und den Hinweisen, die daraus für die Aufklärung der Glasfaserstruktur zu erhalten sind. Auch Analogien zu Fasern aus synthetischen Hochpolymeren wurden diskutiert.

Für die prüftechnische Auswertung der Spinnversuche wurde vom Vortragenden die genormte Reißfestigkeitsprüfung am Seidenfaden vorgeschlagen. Dieses Verfahren ist aus mehreren Gründen vorteilhafter als die üblicherweise angewandte Prüfung am Elementarfaden bzw. der Einzelfaser und hinsichtlich der Aussagekraft der Festigkeits- und der Dehnungswerte durchaus geeignet.

Dipl.-Ing. *A. Zawadski* und Dipl.-Ing. *Zb. Wieczorkowski*, Institut für künstliche und synthetische Fasern, Lodz, VR Polen:

Über die Herstellung von Glasseide mit 3—4 μm Elementarfadendurchmesser

A. Zawadzki erörterte zunächst grundlegende Fragen der Glasseidenerzeugung, wobei von ihm besonders die Wichtigkeit der

rheologischen,
dynamischen und
thermischen

Einflüsse auf den Fadenbildungsprozeß hervorgehoben wurde, über die bisher zusammenfassend noch keine Angaben gemacht worden waren.

Nach einer Modellvorstellung kann für die üblicherweise aus Platindüsen gezogenen Glasseidenfäden für die anfängliche Geschwindigkeitsverteilung des Glasstromes unmittelbar beim Verlassen der Düse ein parabolischer Verlauf angenommen werden, der sich jedoch sehr bald in einen radial homogenen Verlauf umwandelt, so daß alle Teile im Querschnitt die gleiche Geschwindigkeit haben. Demgegenüber bestehen in der Zähigkeit der Glasmasse zwischen Kern und Mantel des Fadens noch Unterschiede, die zur inhomogenen Spannungsverteilung im Glas führen. Als von geringerer Bedeutung wurden weitere Faktoren wie der aerodynamische Widerstand der umgebenden Luftschichten, die Trägheit der Glasteilchen und die Oberflächenspannung des Glases eingeschätzt.

Zur Dynamik des Spinnens von Glasseidenfäden wurden am Institut experimentelle Arbeiten durchgeführt, die die Gültigkeit des *Poiseuilles*chen Gesetzes auch für diese Bedingungen erwiesen.

Weiterhin wurde von dem Vortragenden experimentell gefunden:

$$\lg Q = A - \frac{B}{T},$$

$$Q \cdot \eta = \text{const.},$$

$$\frac{Q_1}{Q_2} = \frac{\eta_1}{\eta_2}.$$

(Q = Glasausflußmenge,
A, B = Charakteristische Konstanten für ein gegebenes Glas,
T = Temperatur der Glasmasse,
η = Mittlere Zähigkeit in der Düse.)

Zb. Wieczorkowski berichtete über Versuchsarbeiten zur Herstellung von Feinglasseide, die ebenfalls von *A. Zawadzki* vorgetragen wurden. Dabei wurde der Einfluß der einzelnen Spinnparameter, wie die aus der Düse pro Zeiteinheit ausfließende Glasmenge, die Abzugsgeschwindigkeit, die Glaszähigkeit, die Niveauhöhe der Glasmasse und der Düsendurchmesser, auf den Fadendurchmesser und dessen Schwankungen untersucht.

Prinzipiell führen verschiedene Wege zur Herstellung von 3 μm-Elementarfäden:

1. Erhöhung der Abzugsgeschwindigkeit;
2. Verringerung des Düsendurchmessers;
3. Erhöhung der Glaszähigkeit durch Absenkung der Temperatur;
4. Verminderung der Niveauhöhe des Glasstandes in der Schmelzwanne.

So konnte bei den Versuchen festgestellt werden, daß einer Verringerung des Düsendurchmessers um 0,1 mm in der Auswirkung auf den Elementarfadendurchmesser eine Verminderung der Niveauhöhe von 25 mm entspricht, wobei aber die Glasseide im ersten Fall, wie anhand von Tabellen erläutert wurde, wesentlich gleichmäßiger bleibt.

Als eine auch im Hinblick auf die Ausbeute optimale Lösung wird die Erhöhung der Abzugsgeschwindigkeit bei gleichzeitig möglichst hoher Spinntemperatur vorgeschlagen; die restlichen Spinnparameter sind zweckmäßig zu wählen.

Ing. *B. Stanek*, Vertex, Litomyšl, ČSSR:

Zur textilen Verarbeitung von Glasseidenerzeugnissen

Der Vortragende berichtete über Erfahrungen aus der Betriebspraxis der tschechoslowakischen Glasseidenproduktion.

Für das Abspulen der Spinnkörper haben sich von den vier möglichen Abspulprinzipien der Innenabzug von auf der Stirnseite stehenden Spinnspulen für die Herstellung von Rovings und die angetriebene Spule für die Herstellung von Zwirnen als optimal erwiesen. Die Vor- und Nachteile wurden erörtert, und die entscheidende Bedeutung der Schlichte wurde hervorgehoben.

Experimentell wurde beim Abspulen der Spinnfäden von angetriebenen harten Hülsen festgestellt, daß noch spinnfeuchte Spulen die geringste Zahl von Fadenbrüchen gegenüber mehrere Tage an der Luft getrockneten Spulen aufzuweisen haben, bei denen die Fadenbruchzahl bis mehr als dreifach höher lag.

Umfangreiche Untersuchungen betrafen die Ermittlung der optimalen Drehungshöhe von Glasseidenzwirnen. Dabei wurde die Drehungsgrenze festgestellt, bei der die Elementarfäden durch die im Zwirn entstehenden Spannungen gerade noch nicht beschädigt werden, sowie die Abhängigkeit der Zugfestigkeit von der Zahl der Drehungen. Als Drehungsgrenze wurde ein Steigungswinkel (gegen die Fadenlängsachse gesehen) von 3° gefunden. Die maximale Zugfestigkeit lag für den Zwirn Nm 72 (14 tex) aus 4 μm Elementarfäden bei 300 Dr./m, wobei man aber wegen der besseren Harz-Benetzbarkeit und der höheren Produktivität praktisch etwas niedrigere Drehungen (ca. 200 Dr./m) verwendet.

Anhand technischer und ökonomischer Kennziffern wurde die eindeutige Überlegenheit eines neueren ausländischen Glasseidenzwirnverfahrens gegenüber älteren gezeigt.

Elektrostatische Aufladungen, die besonders bei der Anwendung von Silanschlichten und glatten Lieferwalzen auftreten, wurden versuchsweise durch mittels Hochspannung ionisierter Luft soweit beseitigt, daß eine zufriedenstellende Verarbeitung möglich war. Man erhofft sich aber von Schlichten mit antistatischer Wirkung eine noch bessere, vor allem einfachere Lösung dieses Problems.

Zuletzt folgten Hinweise auf die Ausbildung des Nutfadenführers an der Rovingspulmaschine. Voraussetzung für einwandfreies Spulen ist eine Bremseinrichtung, die die Einhaltung der durch Messen zu bestimmenden optimalen Zugspannung garantieren kann.

In der Diskussion wurde die Frage nach der optimalen Zwirndrehung erörtert und von Biegeversuchen an Laminaten berichtet, die schon bei Zwirndrehungen von 80 Dr./m (Zwirn Nm 30/2 (34 tex × 2), Elementarfäden 9 μm) maximale Festigkeitswerte ergaben, weshalb die Drehungen bei vorwiegender Biegebeanspruchung der Laminate nicht zu hoch gewählt werden sollten.

Stanek gab ergänzend kurz von eigenen Versuchen mit Fäden von 150 und 100 Dr./m Kenntnis, wobei jedoch die niedrige Drehung mehr Schwierigkeiten beim Weben bereitet. Es wurde im Anschluß daran vorgeschlagen, möglichst weitestgehend auf die teuren Zwirne zu verzichten und statt dessen die nur vorgedrehten „O-Fäden" einzusetzen, die, soweit sie mit weniger als 50 Dr./m vorgedreht wurden, nicht erst durch einen Zwirnprozeß drehungskompensiert werden müssen.

Prof. Dr.-Ing. habil. *W. Bobeth*, Institut für Technologie der Fasern der DAW in Dresden:

Untersuchungen über Alterungsprobleme an Glasfaserstoffen

Ausgehend vom Begriff „Alterung" und der Alterung von Hochpolymeren wurde gezeigt, wie auch bei Glasfaserstoffen mit der Alterung strukturelle Veränderungen, Eigenschaftsveränderungen bzw. Verschlechterungen eintreten. Da die Alterung auch auf die Ziehstruktur Einfluß hat, wurde versucht, polarisationsoptisch, im homogenen Magnetfeld sowie durch Löslichkeits-, Dichte- und textilphysikalische Untersuchungen (z. B. Reißkraft-, Scheuer-, Biege- und Sprödigkeitsprüfungen) an natürlich und künstlich gealterten, alkalireichen und alkaliarmen Glasmaterialien Eigenschaftsveränderungen nachzuweisen. Dazu mußten Glasgewebeproben über mehrere Jahre der Bewitterung ausgesetzt werden. Die künstliche Alterung wurde durch Wasser- und Sattdampfbehandlung, Einwirkung von γ- und Neutronenstrahlen sowie Chemikalien (H_2SO_4, HCl, NaOH) bewirkt. Bei Gegenüberstellung der durch verschiedene physikalische und mikrochemische Prüfmethoden erhaltenen Untersuchungsergebnisse ergaben sich zum Teil unterschiedliche Aussagen, die die Problematik des gesamten Alterungskomplexes an Glastextilien erkennen lassen. Während Eigenschaftsverschlechterungen an sattdampfbehandelten Glasseidengewebebändern durch physikalische Prüftests einwandfrei nachgewiesen werden konnten, sprachen mikrochemische Lösemethoden nicht an. Die Zeitraffung durch Sattdampfbehandlung gegenüber normal bewetterten Glasgewebebändern wurde anhand textilphysikalischer Prüfungen nach jeweils 20%igem Wertabfall aufgezeigt. Der werteverschlechternde Einfluß von Thermobehandlungen konnte auch durch Sprödigkeitsuntersuchungen (Bestimmung des Schlingendurchmessers) eindeutig bestimmt werden. Dabei verhielt sich alkaliarmes Material schlechter als alkalireiches. Bei Einwirkung von Chemikalien (HCl) wurde gleichfalls nur alkaliarmes Material geschädigt, was durch geringere Mikrolösezeiten in HF nachgewiesen werden konnte. Alterungsabhängige Anisotropie zeigte sich polarisationsoptisch nur am Metaphosphatglas eindeutig. Im Magnetfeld konnten an Borosilikatgläsern Alterungseffekte zwar nachgewiesen werden, jedoch führten diese Untersuchungen ebenfalls nur an Metaphosphatglas zu ausreichend reproduzierbaren Ergebnissen. Da es infolge der unbekannten Vorgeschichte der verschiedenen Glasmaterialien schwierig ist, eindeutig eine Werte-Verfallskurve zu bestimmen, und die Untersuchungsergebnisse der textilphysikalischen Prüfungen z. T. großen Streuungen unterworfen sind, soll durch Auswahl der zweckmäßigsten Alterungs- und Prüfmethoden versucht werden, die Eigenschaftsveränderungen noch eingehender und zielgerichteter als bisher zu erfassen. Dabei werden Untersuchungen auf Glasfäden und Glasfadenstränge ausgedehnt, wobei der „status nascendi" besonders Berücksichtigung finden muß.

Nach eingehender Diskussion zur Methodik der natürlichen Alterung und zu den Prüfverfahren wurde die thermische Alterung des Glasfaserstoffes, auch im Laminat, besprochen. Auf neuere Harzentwicklungen mit höherer Wärmebeständigkeit wurde in diesem Zusammenhang hingewiesen.

Dr.-Ing. *H. Martin*, Institut für Technologie der Fasern der DAW in Dresden:

Zur Standardisierung von Prüfverfahren für Glasseidenerzeugnisse

Bei der Prüfung der textilphysikalischen Eigenschaften von Textilglas in den verschiedenen Aufmachungsformen als Faser, Faden oder Gewebe, kann in vielen Fällen auf die Verfahrensstandards zurückgegriffen werden, die bei der Prüfung der übrigen textilen Faserstoffe Anwendung finden. Dies gilt z. B. für die Bestimmung der Zugfestigkeit, Drehungszahl, Fadenfeinheit, Flächenmasse und Gewebedicke. Es ist lediglich den spezifischen Eigenschaften des Faserstoffes Glas Rechnung zu tragen, was durch Zusätze in den jeweiligen Prüfstandards geschehen kann. So ist für die Zugfestigkeitsprüfung am Faden eine Spezialklemme zu verwenden, um Klemmenbrüche weitgehend zu vermeiden. Etwas problematisch ist noch die Dickenmessung am Elementarfaden, da sich bei den geringen Meßgrößen die Meßfehler sowohl bei optischen als auch bei mechanischen Prüfverfahren störend bemerkbar machen. Auch die Bestimmung der Elementarfadenanzahl im Faden mittels Auszählen ist für Routineprüfungen noch als unbefriedigend anzusprechen.

Bei der Ermittlung des Restschlichtegehaltes von thermoentschlichteten Geweben, welcher in der Regel bei $\leqq 0{,}1\%$ liegt, ist die Meßmöglichkeit von 0,01% zu fordern. Die Meßwertstreuung ist groß, zumal durch die Feuchtigkeitsaufnahme der für die Entschlichtung im Glühofen bei 650°C verwendeten Prüftiegel Unsicherheiten in die Messung eingehen. Auch beeinflußt die Art der Probenlage im Tiegel das Meßergebnis. Durch die Verwendung eines Drahtgestells anstelle des Tiegels kann die Größe der Einzelprobe zehnmal größer sein (bisherige Probengröße 100 cm²), wodurch sich die Meßgenauigkeit erhöht. Der Gewebestreifen liegt hierbei in Falten mit senkrechter Richtung der Faltung im Glühofen.

Für die Bestimmung der Biegesteifigkeit von Glasgewebe erscheint die Freiträgermethode am zweckmäßigsten. Es wird die Biegelänge nach *Peirce* berechnet, wobei die Anwendbarkeit dieser Formel für Glasgewebe noch zu überprüfen ist. Die Prüfung der Haftfestigkeit zwischen Glasgewebe und Kunstharz wird nach der in früheren Veröffentlichungen beschriebenen Methode — senkrechter Abzug zweier Kunstharz-Gießblöckchen von dem dazwischenliegenden Glasgewebe — durchgeführt. Für die Biegeprüfung von Glasfäden und Rovings in Laminatform wurde ein Verfahren für die Herstellung von Prüflaminaten entwickelt (vgl. Faserforsch. u. Textiltechn. **14** (1963) 10, S. 448—450).

Bei einer Erörterung des Problems der Zugfestigkeitsprüfung am Roving kam vom Institut für Technologie der Fasern der Vorschlag, die Prüfung der Festigkeit an den Einzelfäden (Spinnfäden) vorzunehmen. Hieraus kann eine theoretische maximale Festigkeit des gesamten Rovings errechnet werden (Summe der Einzelfestigkeiten). Die Prüfung an ungedrehten Spinnfäden hatte sich in der im Rahmen des Kolloquiums dargestellten Arbeit über Spinneinflüsse bewährt.

Ing. *L. Surý*, Vertex, Litomyšl, ČSSR:

Prüfmethoden der Glasseidenerzeugnisse und deren Standardisierung

Es wurde auf die spezifischen Probleme bei der quantitativen Bewertung von Rovingeigenschaften eingegangen. Im wesentlichen führt man die Prüfungen in Anlehnung an die amerikanischen „Prüfvorschriften für Rovings" durch. Die Benetzungsgeschwindigkeit von Glasfäden und Rovings beim Eintauchen in Kunstharz bestimmt man über die Lichtdurchlässigkeitsprüfung mittels Photometer. Die Steifheit von Rovings, die durch die Rovingschlichte wesentlich beeinflußbar ist, wird durch die Spreizung der Schenkel eines in der Mitte gehaltenen Rovingstranges definierter Länge ermittelt. Den Zerfall des Rovings beim Zerschneiden beurteilt man visuell auf einer durchleuchteten Glasplatte. Der Einfluß von Präparationen auf die elektrostatische Aufladung wird durch die Messung derselben beim Lauf eines Rovingstranges vor und nach der Präparierung über eine PVC-Gabel untersucht. Da das Brechen von Elementarfäden beim Spulen zu Noppenbildung und Erschwernissen bei der weiteren Verarbeitung zu Geweben führt, ist die Scheuerfestigkeit von Rovings von Interesse. Man beschränkt sich hier auf die Beurteilung der Laufeigenschaften beim Spulvorgang. Für Webrovings ist ein guter Fadenschluß (Ribbonisation) erwünscht. Auch der Zusammenhalt der Rovingspulen ist für die weitere Verarbeitung wesentlich und kann durch die Schlichte, die Spannung und Art der Wicklung beeinflußt werden. Weiterhin sind die Elementarfadendicke und die Gleichmäßigkeit derselben sowie die Rovingfeuchtigkeit von Einfluß auf die Rovingeigenschaften bzw. -verarbeitbarkeit. Die Zählung der Spinnfadenzahl im Roving ist besonder bei guter Ribbonisation nicht ganz ohne Schwierigkeit.

In der anschließenden Diskussion wurde darauf hingewiesen, daß für Schneidroving beim Schneiden ein weitgehender Zerfall in Spinnfäden, nicht aber in Elementarfäden anzustreben ist. Die geforderten guten Schneideigenschaften von Rovings sind durch die Wahl bzw. Entwicklung geeigneter Rovingschlichten zu gewährleisten, doch muß auch der Verbesserung der Schneidwerkzeuge Beachtung geschenkt werden.

Dr.-Ing. *R. Barthel* und Dipl.-Ing. *G. Höhne*, Institut für Technologie der Fasern der DAW in Dresden (vorgetragen von *G. Höhne*):

Probleme der Thermobehandlung von Glasseidengeweben

Dem Vortrag wurde ein historischer Überblick über die thermische Behandlung von Glasseidengeweben vorangestellt. Der Referent setzte sich dabei auch mit den verschiedenen Möglichkeiten der Herstellung von kunststoffreundlichen Geweben für die Plastverstärkung auseinander:

1. direktes Aufbringen einer Haftmittelschlichte beim Spinnen;
2. Aufbringen einer Textilschlichte beim Spinnen, thermisches Entschlichten der Gewebe mit anschließender Finierung.

Dabei gab er eine ausführliche Begründung für die Notwendigkeit des Aufbaues einer Anlage zur thermischen Nachbehandlung von Glasseidengewebe. Dieser Weg ist im Hinblick auf eine industrielle Produktion trotz der zusätzlichen Arbeitsgänge für die Thermoentschlichtung und die Finierung aus verschiedenen Gründen vorteilhafter als die — bei flüchtiger Betrachtung einfacher erscheinende — direkte Anwendung von Haftmittelschlichte beim Spinnen, wie sie für die Herstellung von Rovings üblich ist.

Bei den Ausführungen über die physikalischen Auswirkungen des Thermoprozesses auf das behandelte Produkt wurde an bekannte Arbeiten angeknüpft, die allerdings nur im Labormaßstab mit Hilfe eines Muffelofens durchgeführt worden waren. Demgegenüber wurden die Forschungsergebnisse, über die der Referent berichtete, mit einer technischen, kontinuierlich arbeitenden Thermo-Entschlichtungsanlage erzielt.

Zunächst wurde der Restschlichtegehalt und der Festigkeitsverlust in Abhängigkeit von technologischen Parametern, z. B. der Temperatur und der Verweilzeit in Thermoofen, diagrammatisch dargestellt. Der bereits von anderen Autoren gefundene, jedoch praktisch bedeutungslose Festigkeitsanstieg bei geringer Entschlichtung hat sich dabei bestätigt. Wesentlich interessanter ist aber die aus den Versuchsergebnissen abgeleitete Erkenntnis, daß bei konstantem Schlichtegehalt zwischen Festigkeitsverlust und Temperatur bzw. Verweilzeit nur ein korrelativer Zusammenhang besteht. Dabei ist sowohl die Gewebeart und die aufgelagerte Schlichtemenge als auch die Konstruktion des Thermoofens sowie die Führung des Prozesses von Bedeutung.

Bei weiteren Versuchen wurden die mit einem Leukometer ermittelten Reflexionsgrade in die Betrachtung einbezogen und der Zusammenhang zwischen Reflexionsgrad und technologischen Größen bzw. Restschlichtegehalten grafisch dargestellt.

Abschließend wurde vergleichsweise zum bisher einstufigen Thermoprozeß über Versuche mit einer neuen, mehrstufigen Anordnung berichtet. Im Hinblick auf den Festigkeitsabfall und die Braunfärbung des Gewebes bei niedrigen Restschlichtegehalten ergaben sich hier günstigere Resultate. Außerdem ist eine bessere Regelbarkeit des Prozesses gegeben. Am Bau einer entsprechenden technisch vervollkommneten kontinuierlichen Thermobehandlungsanlage für die Glasseidenindustrie wird z. Z. gearbeitet.

In der Diskussion unterstrich Dr. *Wende* die Bedeutung dieser Arbeiten für das Glasseidenwerk und besonders auch im Hinblick auf die Veredlung von Geweben zur Herstellung von Prepregs. Dr. *Barthel* brachte die Entwicklung verschiedener Schlichten und besonders einer „Entschlichtungsschlichte", die beim Thermoprozeß eine geringere Braunfärbung ergibt, zur Sprache. Damit könnte bei höheren Restschlichtegehalten — das Maximum der Braunfärbung liegt jetzt bei 0,1% Restschlichtegehalt — und mit niedrigeren Festigkeitsverlusten bereits ein reinweißes Gewebe erzielt werden.

Ein anderer Diskussionspunkt zum Festigkeitsverlust war speziell seine Aufteilung in einen reversiblen und einen irreversiblen Anteil. Diesbezügliche Untersuchungen als Analogieversuche mit wiederholter Schlichtung eines fertigen Gewebes wurde von den Referenten als unreal und deshalb wenig aussagekräftig angesehen, weil sie die wahren Verhältnisse der Schlichtung beim Spinnen nicht reproduzieren.

Ein weiterer Fragenkomplex betraf die Meßmethode des Reflexionsgrades, des Weißgrades und der Glanzzahl. Die Autoren gaben dem direkt zu bestimmenden Reflexionsgrad vor dem — größeren Meßaufwand erfordernden und ohnehin nur subjektiv definierten — Weißgrad den Vorzug.

Seitens der Kunststoffverarbeiter wurde die Meinung vertreten, daß ein reinweißes Gewebe stets günstiger beurteilt würde als ein bräunliches Gewebe. Insbesondere aber würden verschiedentlich auftretende dunkelbraun gefärbte Fäden stören. Davon ausgehend wurde eine noch intensivere Entschlichtung gefordert. Dieser Ansicht wurde entgegengehalten, daß der Thermoprozeß kein Putzprozeß sei; es gelte vielmehr, die Klebstellen, auf die größtenteils die intensiv braunen Fäden zurückzuführen seien, von vornherein so weit als möglich zu vermeiden. Übrigens würden in der SU Gewebe mit 0,1% Restschlichtegehalt zu Glasfaserkunststoffen verarbeitet; ihre leicht bräunliche Farbe störe dabei nicht.

Dr. rer. oec. Dipl.-Ing. oec. *G. Wiedemann* und Textiling. *U. Renner*, Institut für Technologie der Fasern der DAW in Dresden (vorgetragen von *G. Wiedemann*):

Zur Veredlung von Glasseidengeweben für die Kunststoffverstärkung

Ein werkstofflicher Mangel der glasfaserverstärkten Kunststoffe besteht darin, daß die Werte für die Naßfestigkeit tiefer liegen als für die Trockenfestigkeit. Deshalb besteht die Aufgabe der Nachbehandlung der Textilverstärkungsmaterialien darin, zur maximalen Festigkeitsausnutzung beizutragen und insbesondere die Naßfestigkeit zu verbessern.

Die Ausführungen behandeln zwei Fragenkomplexe:

1. Vergleichende Ausprüfung von Haftmitteln mit verschiedenen Harzen zur Auffindung von optimalen Behandlungen;
2. Studium der chemisch-technischen Einflußgrößen des Haftmittelauftrages im Hinblick auf den Aufbau und die Arbeitsweise einer entsprechenden Nachbehandlungsanlage.

Der vergleichenden Ausprüfung von Haftmitteln wurden allgemein die Eigenschaftsauswirkungen einer Thermobehandlung von Glasseidengeweben vorangestellt. Es ist ein Restschlichtegehalt von 0,1% anzustreben; dabei wird der noch vorhandene, geringe Gehalt an Verbrennungsrückständen als nicht störend angesehen.

Zur Bewertung der Haftmittel wurden zwei Prüfverfahren herangezogen:

1. Die *Haftfestigkeits*methode nach *Martin* und *Renner*;
2. Die Methode der *Laminat-Biegeversuche* gemäß ISO-Empfehlung R-178.

Zwischen beiden Methoden wurde eine gute Korrelation festgestellt. Es wird jedoch für Untersuchungsreihen zur Testung des Alterungsverhaltens der Laminat-Biegeversuch bevorzugt. Zu seiner Auswertung werden neben Biegefestigkeit, E-Modul und Biegearbeit auch Kraft-Durchbiegungs-Diagramme herangezogen.

Für die Testung der Haftung wurde sowjetisches Gewebe Typ „T 1" eingesetzt, und es wurden folgende Harze verwendet.

1. *Polyesterharz* („Polyesterharz G" mit 2% Benzolperoxydpaste als Katalysator);
2. *Epoxydharz* (EGK 19 und Härter AH 5);
3. *Phenolharz* (Niederdruck-Phenolharz F 40/61).

Die verfügbare Palette in- und ausländischer Haftmittel wurde mit diesen drei Laminierharztypen getestet. Dabei fanden beim Haftmittelauftrag auch Katalysatoren Anwendung. Es wurde sowohl im trockenen Zustand als auch nach einer Kochreihe — zeitlich abgestuft bis über 100 h — ausgeprüft, da sich der übliche Zweistunden-Kochtest als nicht aussagekräftig genug erwiesen hatte.

Die Versuche zeigten folgendes Ergebnis:

1. Für *Polyesterharze* sind Vinylsilane optimal geeignet, bevorzugt in Form eines Alkoxysilans, und zwar des Vinyl-tri(2-methoxyäthoxy)silans. Durch Zusatz von basischen Katalysatoren, insbesondere Ammoniak, läßt sich eine Steigerung der Haftfestigkeit erzielen. In zweiter Linie kann der Methacrylsäure-Chromkomplex eingesetzt werden.
2. Für *Epoxydharze* eignen sich optimal Aminosilane, vorzugsweise wiederum in Form eines Alkoxysilans, und zwar des 3-Äthylendiaminopropyltriäthoxysilans. In zweiter Linie kann auch hier wieder Methacrylsäure-Chromkomplex Verwendung finden.
3. Für *Phenolharze* eignen sich als Haftmittel ebenfalls Aminosilane; es werden aber auch mit Methacrylsäure-Chromkomplex gute Ergebnisse erzielt.

Sodann äußerte der Referent Gedanken zur Beständigkeit der Haftmittelimprägnierungen. Die für die einzelnen Harze als optimal angegebenen Haftmittel unterliegen zwar auch einem Alterungsprozeß, weisen aber andererseits mitunter auch eine erhebliche Stabilität auf. Sie sind auch in sehr geringen Auflagerungen noch voll wirksam, wie Versuche mit dem Haftmittelauftrag aus der Gasphase zeigten. Für den Abfall der Prüfwerte nach vielstündiger Kochung wurden deshalb in erster Linie nicht die Haftmittel, sondern die Laminierharze bzw. das Textilglas verantwortlich gemacht.

Im zweiten Teil seines Vortrages wandte sich der Referent technologischen Problemen zu. Es wurden folgende Einflußgrößen, die beim Haftmittelauftrag aus wäßriger Phase eine Rolle spielen können, in Betracht gezogen:

Flottenverhältnis,
Verweildauer in der Flotte,
Flottenkonzentration,
Flottentemperatur,
Abquetscheffekt,
pH-Wert der Flotte,
Trocken- und Fixiertemperatur.

Auf Grund von speziellen Tastversuchen konnte der Referent wertvolle Hinweise für die Gestaltung des kontinuierlichen Prozesses zur chemischen Veredlung von Glasseidengeweben erhalten. Besonders hervorzuheben sind dabei die der Flottenkonzentration und dem Abquetscheffekt gewidmeten Untersuchungen, wonach eine Vorausbestimmung des Haftmittelgehaltes der Glasseidengewebe möglich ist.

In der Diskussion war zunächst der Haftmittelauftrag aus der Gasphase von Interesse. Wegen der schwierigen technologischen Handhabung eines solchen Prozesses wird von der praktischen Realisierung jedoch abgesehen.

Es kamen dann Fragen der Prüfung der Haftfestigkeit zur Sprache, und zwar sowohl hinsichtlich des Prüfverfahrens als auch in bezug auf die Ursachen für die Haftfestigkeit. Bedenken, daß das Gewebe vom Harz durchdrungen wurde und deshalb eine nicht nur kraftschlüssige, sondern auch formschlüssige Verbindung vorliegt, konnten vom Referenten zerstreut werden. Ferner wurden Einzelheiten der Probenherstellung, insbesondere beim Haftmittel Vinyltrichlorsilan, diskutiert und dementsprechende Erfahrungen ausgetauscht.

Einer Anregung aus dem Hörerkreis entsprechend sollen die den Konstrukteur interessierenden Prüfdaten künftig im Rahmen der Kammer der Technik bearbeitet werden.

Schließlich kamen noch Fragen der Alterung des Harzes sowie der nicht exakt gültigen Berechnungsformeln für die Biegefestigkeit zur Sprache. Durch Probenherstellung aus dem gleichen Harzansatz sowie durch Konstanthalten der Gewebeart, Lagenzahl, der Dicke und des Harzgehaltes wurde diesen bekannten Einflüssen vom Referenten Rechnung getragen.

Dr. *K. Rothschein*, Vertex, Litomyšl, ČSSR

Chemische Veredlung von Glasseidenerzeugnissen für Plaste

(Da der Autor nicht selbst am Kolloquium teilnehmen konnte, wurde sein Beitrag von Dr. *Wiedemann* verlesen)

Die Ausführungen bezogen sich im ersten Teil auf die Anwendung von Haftmittelschlichten, wobei eine umfassende Übersicht sowohl hinsichtlich des Grundsätzlichen als auch der Anwendungstechnik gegeben wurde. Im zweiten Teil bezogen sie sich auf die Finishbehandlung von Glasseidengeweben.

Haftmittelschichten sind für Rovings und für Rovinggewebe von Interesse. Von den Eigenschaften eines Rovings wurden insbesondere die Löslichkeit der Schlichte im Kunstharz, die Benetzbarkeit durch das Kunstharz, die Steifigkeit des Rovings, seine „Ribbonisation" (damit wird das Verkleben der Spinnfäden zum Rovingstrang bezeichnet) sowie die Art des Haftmittels näher betrachtet, und zwar wurde der Einfluß verschiedener Chemikalien auf diese Eigenschaften untersucht. Als noch ungelöstes Problem ist die Beseitigung der statischen Aufladung bei Silan-Haftmittelschlichten zu nennen.

Im Zusammenhang mit der Finishbehandlung der Gewebe versuchte der Autor, die Haftung zwischen der Glasoberfläche und dem Kunstharz durch den Chemismus der Haftmittel zu erklären, wobei er sich neben eigenen Prüfungen auch auf veröffentlichte Arbeiten stützte. Für die Finishbehandlung sind von ihm Silan-Verbindungen bevorzugt worden.

Ing. *J. Vytiska*, SVÚMASK, Prag, ČSSR:

Thermische Veredlung von Glasseidengeweben

(Da der Autor an der Teilnahme am Kolloquium verhindert war, wurde dieser Vortrag von Dipl.-Ing. *H. Rothe* verlesen)

Nach einleitenden Ausführungen über den Zweck der thermischen Veredlung von Glasseidengeweben (z. B. Entschlichtung, Fixierung der Bindebögen, textiler Griff) wurde in groben Zügen über den Aufbau einer mit Vorwärmung des Gewebes arbeitenden, elektrisch beheizten Anlage zur thermischen Veredlung von Glasseidengeweben berichtet.

Bei der Schilderung durchgeführter Versuche legte der Autor besonderes Augenmerk auf Art und Farbe der sich — in meist oxydativer Ofenatmosphäre — ausbildenden Flamme.

Abschließend wurden verschiedene Oberflächenzustände (geschlichtet, chemisch entschlichtet, thermisch entschlichtet) anhand sehr guter elektronenmikroskopischer Aufnahmen veranschaulicht.

Dr. *W. Moebes*, Institut für Kunststoffe der DAW, Berlin-Adlershof:

Probleme der Hersellung von Glasseidenrovings für die Kunststoffverstärkung

Einführend erläuterte der Vortragende die Eigenschaften beider Typen von Glasseidenrovings — Schneidroving und Strangroving — und ihre Anwendungsgebiete.

Die Rovingeigenschaften werden maßgeblich von der Schlichte beeinflußt, die als Haftmittelschlichte ausgelegt ist und ein kunstharzverträgliches Bindemittel, Weichmacher Haftmittel, Gleit- und Schmiermittel enthält.

Untersuchungen beschäftigten sich mit der Schlichteverteilung im Querschnitt einer Spinnspule. Wie im Diagramm gezeigt wurde, ist — bei normal 1,0% Schlichtegehalt — nur in einer schmalen Randzone ein Anstieg auf 1,5% festzustellen gewesen. Weiterhin wurden verschiedene ausländische Rovings und Muster aus der DDR-Versuchsproduktion hinsichtlich der Biegefestigkeit und der NOL-Ring-Festigkeitswerte miteinander verglichen.

Die Biegefestigkeit wurde an Stäben ermittelt. Interessant an den mitgeteilten NOL-Festigkeitswerten waren besonders Versuche mit ausländischen alkalihaltigen Glasseidenrovings, die zwar etwas geringere Festigkeitswerte lieferten, aber für manche Anwendungsfälle anstelle borsäurehaltiger Seide als aussichtsreicher Austausch erschienen.

Hauptpunkte der Diskussion waren die Festigkeits-Prüfwerte und Qualitätsfragen, insbesondere die Gleichmäßigkeit der Rovings. Vom Institut für Technologie der Fasern wurde auf Ergebnisse von Messungen der Ablaufspannung des Fadens von der Rovingspule hingewiesen. Hiernach besteht zwischen dem Fadenzug und der Höhe der Schlichteauflagerung ein enger Zusammenhang. Da die Auflagerung in den Randschichten der Spinnspulen besonders hoch ist, empfiehlt es sich, für das Spulen der Rovings den Innenabzug und versetzte Lagenwicklungen anzuwenden. Bei Festigkeitsbetrachtungen ist der NOL-Festigkeitswert nicht, wie das auch in der Literatur mitunter fälschlicherweise getan wird, mit der Zugfestigkeit der Glasseide Harz-Laminate gleichzusetzen, woraus falsche Vorstellungen beim Konstrukteur erwachsen können.

Dr. rer. nat. *A. Wende*, Institut für Kunststoffe der DAW, Berlin-Adlershof:

Stand, Probleme und Entwicklungstendenzen glasfaserverstärkter Kunststoffe

Dr. *Wende* berichtete zunächst über den derzeitigen Stand der Harzentwicklung und der Harzanwendung für bestimmte Einsatzgebiete in Verbindung mit Glasfaserstoffen. So wird in erster Linie eine ausreichende Harz-Kapazität für das Faser-Spritzverfahren (Polyester) und das Imprägnieren von Prepregs auf Epoxyd-Phenolharzbasis gefordert. Da in allen Ländern Tendenzen zur Mechanisierung der Glasfaserkunststoff-Prozesse verfolgt werden, wird im Rahmen des RGW, vornehmlich in Zusammenarbeit mit der SU und der ČSSR auch in dieser Richtung Entwicklungsarbeit betrieben. Für die zur Herstellung von Harzen erforderliche Rohstoffbasis wurden Perspektiven aufgezeigt. So wird in der DDR das Problem einer ausreichenden Bereitstellung von Maleinsäureanhydrid ab 1967 gelöst sein. Es werden 1967 2500 t und 1970 5000 t Polyesterharz hergestellt werden können. Eine weitere steigende Bedeutung kommt den Kohlenwasserstoffgießharzen ebenso wie Leuna-Epoxydharzen und Silikonharzen mit ausreichenden Wärmebeständigkeiten und guten elektrischen Eigenschaften für die Herstellung von Glasfaserkunststoff-Produkten für die Elektroindustrie zu. Cyanursäuretriepoxydharze, von denen Prepregs hergestellt werden können, weisen gute physikalische Eigenschaften auf. Spezial-Polyester-Kombinationsharze garantieren als Elektroisolationswerkstoffe genügende Betriebssicherheit. So gehen die Entwicklungstendenzen dahin, daß bessere elektrische Eigenschaften, temperaturunabhängig, erhalten werden (Ziel: Wärme-Klasse F 155°C).

Die Entwicklung von Verstärkungsharzen schreitet in Richtung Beständigkeit für höhere Temperaturbereiche fort. Die Herstellung von Epoxydharzen wird künftig durch die Petrolchemie begünstigt. Nachentwickelte Butonharze wurden als Gießharz erprobt. So werden bereits 1967 1000 t Kohlenwasserstoffharz für die Herstellung von Glasfaserkunststoffen zur Verfügung stehen. 1970 werden es über 6000 t Harz sein. Ein weiteres Rohstoffproblem ist die ausreichende Bereitstellung von Glasseide als Verstärkungsmaterial für Kunststoffe bis zu den vorgenannten Zeitpunkten. Für 6000 t Harz sind etwa 5000 t Textilglas erforderlich. Da dieses Aufkommen nicht allein aus alkaliarmen Glastextilien — infolge Borsäuremangels — gedeckt werden kann, soll diese Lücke durch alkalihaltige Glastextilien geschlossen werden. Letztere scheinen für den Einsatz mit Kohlenwasserstoffharzen besonders geeignet zu sein. In den USA (18. T.C. Chikago) werden alkalifreie und borsäurefreie Gläser eingesetzt, wobei das Problem ausreichend hitzebeständiger Glasziehwannen gelöst zu sein scheint. Ständig steigende Glasgehalte im Glasfaserkunststoff (50 bis 60% gelten als optimal) zwingen die DDR, für bestimmte Einsatzgebiete borsäurefreie Gläser zu verwenden und die Prozesse zur Herstellung von Glasfaserkunststoffen zu mechanisieren. Es wurden Schaubilder gezeigt, die die Wirtschaftlichkeit der verschiedenen Herstellungsverfahren einander gegenüberstellten. An Hand dieser Darstellungen wurde der Schluß abgeleitet, daß nach Möglichkeit in Zukunft das Kontaktverfahren durch das Faserspritzverfahren und durch sonstige Kontinueverfahren abzulösen sei.

Weiter wurde darauf hingewiesen, daß heute Glasfaserkunststoffe nicht nur im Leichtbau, sondern auch für hochbeanspruchte Konstruktionen angewandt werden. An der Lösung der Aufgabenstellung, alterungsbeständige Verstärkerharze zu entwickeln und die Faser/Harz-Bindung durch chemisch gebundene Haftmittel zu verbessern, wird weiterhin gearbeitet.

In der Diskussion wurde auf Probleme der Preise für Textilglas und Harz sowie auf Herstellungsverfahren für Glasfaserkunststoffe im Hinblick auf erzielbare Materialeigenschaften eingegangen.

Das Institut für Technologie der Fasern, Dresden, empfahl den Einsatz alkalihaltiger Glasfaserstoffe aus dem Thüringer Raum für die Plastverstärkung. Es wurden drei erfolgversprechende Möglichkeiten zur Nutzung alkalihaltiger Fasern grob umrissen, die zur Zeit untersucht werden: Die Anwendung haftmittelbehandelter, geschnittener Glasfasern für Preßmassen, die Verwendung von haftmittelbehandelten, mit speziellem Binder verfestigten Diagonalvliesen und den Einsatz von beim Spinnen vorimprägnierten und zur Schnitzelmatte umgeformten Stabziehvliesen.

U. Renner, *H. Rothe*, *G. Schauer* und *L. Vollrath*

Neue Bücher

Untersuchungen über Fasermischungen in der Bastfaserspinnerei. Von *Waldemar Rohs* und *Rudolf Otto.* Forschungsberichte des Landes Nordrhein-Westfalen. Nr. 1333. Köln und Opladen: Westdeutscher Verlag 1963. 28 S., 4 Abb., 5 Tab. Kart. DM 13,40.

In der Einleitung wird als Aufgabenstellung die Untersuchung der in der Flachswergspinnerei gebräuchlichen Faser-Mischverfahren in bezug auf die Gleichmäßigkeit der erzielbaren Faserverteilung genannt, wobei die Frage, ob vor oder nach der Karde gemischt werden soll, mit beachtet wird.

Der anschließende Abschnitt befaßt sich mit der Ermittlung der Faserverteilung. Als Merkmal wird die Masse der Fasern der einzelnen Anteile in endlichen Garnabschnitten bestimmt. Zur Fasermarkierung diente eine schonende Anfärbung mit Siriusrot. Dadurch änderten sich die Fasereigenschaften nicht in bemerkenswerter Weise.

Der folgende Abschnitt enthält die statistischen Grundlagen für die Beurteilung der Prüfwerte.

Nach der Beschreibung der Versuchsdurchführung erfolgt die Bekanntgabe und die Erläuterung der Versuchsergebnisse. Es wird bewiesen, daß die angewendeten Mischungsmethoden keinen Einfluß auf die Ungleichmäßigkeit des Vorgarnes, wohl aber auf die Gleichmäßigkeit der Faserverteilung der beiden benutzten Faserkomponenten haben. Die Güte der Durchmischung nimmt in der Reihenfolge Mischbett, Handspeisung, Speiser, Bandmischung ab. Der Forschungsbericht ist dem technischen Personal der Flachswergspinnereien zur Auswertung zu empfehlen.

H. Perner

ASTM Standards on Textile Materials with Related Information. 33 rd Edition. Philadelphia: American Society for Testing and Materials 1962. XXIII, 997 S. Lwd. $ 12,00.

Die vorliegende 33. Ausgabe der Prüfvorschriften des Komitee D–13 „Textile Materialien" der „Amerikanischen Gesellschaft für Prüfung und Materialien (ASTM)" enthält gegenüber der vorangegangenen Ausgabe wieder eine ganze Reihe neuer oder überarbeiteter Prüfstandards. So wurden allein 1962 neue Methoden zur Bestimmung der pflanzlichen Bestandteile und alkali-unlöslichen Verunreinigungen in gewaschener Wolle (ASTM-Designation D 1113–62), der Handelsmasse von Rohwollballen (D 1771), des Asbestanteils in asbesthaltigen Textilmaterialien (D 1918), der Eigenschaften asbesthaltiger Textilien für elektrische Isolierungen (D 2100), der Eigenschaften von aus Chemieseiden und -kabeln entnommener Elementarfäden (D 2101), der Schrumpfung von Faserbündeln (D 2102) und der Länge und Längenverteilung von Baumwollfasern nach einer verkürzten Kammstapelmethode (D 2479) aufgenommen. Revidierte Fassungen sind nicht nur von den Begriffen über textile Materialien und ihren Definitionen (D 123), sondern auch von den Methoden zur Bestimmung der Eigenschaften von Baumwoll-Reifencord und Cordgewebe (D 179) und der Eigenschaften von Maschenwaren (D 231), zur Identifizierung der Faserarten in Textilien (D 276), zur Prüfung von Asbestbändern (D 315) und Chemiefasern (D 540), der Einführung des tex-Systems (D 861), zur Prüfung von Reifencord aus Chemieseiden (D 885), von ungewebten Textilien (D 1117), von wollhaltigen Garnen (D 1285) und von ganz oder teilweise aus organischen Chemiefaserstoffen hergestellten Garnen und Seiden (D 1380), zur Drehungsbestimmung in Garnen nach dem Aufdrehverfahren (D 1423), zur Ermittlung der Noppen, pflanzlichen Bestandteile und farbigen Fasern in Wollkammzügen (D 1770), zum Angleichen der Proben an das Normalklima (D 1776) und zur Bestimmung der tatsächlichen Einspannlänge durch Ermitteln des Klemmenfehlers beim Einzelfaser-Zugversuch (D 1906) aufgenommen worden. Außerdem enthält der Band eine vorläufige Liste der handelsüblichen Feuchtezuschläge (D 1909) und eine Methode zur Bestimmung der relativen Luftfeuchte mit Trocken- und Feuchtthermometer (E 337) in revidierter Fassung.

Darüber hinaus sind etwa 130 Prüfverfahren als ältere, noch gültige Fassungen wieder aufgenommen worden, während 6 Methoden durch neue ersetzt oder mit anderen Standards zusammengefaßt wurden.

Dieser Überblick zeigt, welch umfangreiche Arbeit vom Komitee D–13 und seinen Unterkomitees seit der Herausgabe des vorangehenden Bandes geleistet worden ist und wie notwendig sich dieser Band für alle auf dem Textilprüfgebiet Tätigen erweist, wenn sie über die Entwicklung der amerikanischen Prüfverfahren auf dem laufenden bleiben wollen.

F. Winkler

The Technology of Polyester Fibres. Von *B. V. Petukhov* (*Petuchov*). Oxford: Pergamon Press 1963. XIV, 89 S. Lwd. 30 s.

Unter der speziellen Fachliteratur fehlt bisher eine umfassende Darstellung der theoretischen Grundlagen und der Technologie der Herstellung von Polyesterfasern. Die Monographie von *Petuchov* ist ein Versuch in dieser Richtung.

In sieben Kapiteln werden die Herstellung der Rohstoffe, die Synthese des Polyäthylenterephthalats und dessen physikalisch-chemische Eigenschaften, die Fasereigenschaften und die Färberei beschrieben. Abschließend wird kurz auf neue Polyestertypen eingegangen. In einem Vorwort heißt es, daß speziell die technischen Mitarbeiter der Industrie mit dem Problemen, auch den theoretischen, der Polyesterfaserproduktion vertrautgemacht werden sollen. Diesem Ziel wird das Buch insofern gerecht, als zahlreiche nützliche Hinweise gegeben werden, die aus den praktischen Erfahrungen resultieren. Zur Illustration seien einige Beispiele ausgewählt. So wird die Gefahr von Explosionen bei der pneumatischen Förderung von DMT erwähnt, man findet praktische Angaben sowohl über Löslichkeit und Dampfdruck von Rohstoffen und Zwischenprodukten, wie über den Erstarrungspunkt des Vorkondensats aus DMT und Glykol in Abhängigkeit vom Umesterungsgrad. Verschiedene Methoden der Beheizung des Umesterungs- bzw. Kondensationsautoklaven werden kritisch gegeneinander abgewogen. Für die Herstellung von Polyesterseide wird ein spezieller Spinnkopf, für die Stapelfaserproduktion wird das Extruderspinnen beschrieben. Entsprechende Einzelheiten sind auch in dem Kapitel über die Fasereigenschaften und bei ökonomischen Betrachtungen zu finden.

Dieser positiven Charakteristik stehen jedoch einige Mängel gegenüber, die nicht unerwähnt bleiben können. Nach Ansicht des Rezensenten ist der Hauptmangel, daß es sich bei dem vorliegenden Buch um die englische Übersetzung der bereits 1960 erschienenen russischen Originalausgabe handelt. Die Literatur der vergangenen 5 Jahre konnte deshalb nicht oder nur unvollständig erfaßt werden. Aus diesem Grunde waren manche Aussagen schon überholt, ehe diese englische Auflage herausgegeben wurde. So schreibt der Autor auf Seite 15, daß der Katalysatoreinfluß auf den thermischen Abbau bisher wenig untersucht wurde, feststehe nur, daß Zinkacetat ein guter Katalysator bei der Herstellung des Polyesters sei. In einer Veröffentlichung aus dem Jahre 1961 stellt der Autor jedoch selbst fest, daß Zinkacetat wenig geeignet ist, da es Nebenreaktionen verursacht.

Darüber hinaus wurden aber auch verschiedene wichtige, schon ältere Publikationen nicht berücksichtigt. Man vermißt im Zusammenhang mit dem thermischen Abbau des Polyesters, der zudem nur gestreift wird und gegenüber der Darstellung der thermooxydativen Schädigung zurücktritt, den Hinweis auf die grundlegenden Untersuchungen von *Ritchie*. Bereits zu dieser Zeit war bekannt, daß Carboxylendgruppen im Polymeren, auch bei Ausschluß von Sauerstoff und Feuchtigkeit, durch rein thermische Spaltung gebildet werden, und es bestanden experimentell fundierte Vorstellungen über den Chemismus des thermischen Abbaus.

Trotz der aufgezeigten Mängel besitzt dieses Buch für den Praktiker in der Industrie unbestreitbare Vorzüge als Zusammenfassung. Wenn es in einer folgenden Auflage auf den Stand des heutigen Wissens gebracht würde, wäre eine Übersetzung ins Deutsche unbedingt zu empfehlen. Damit wäre dann auch die Voraussetzung geschaffen, daß es in dem Leserkreis, an den es sich speziell wendet, die Verbreitung finden kann, die es verdienen würde.

H. Zimmermann

Polyethers. Part III: *Polyalkylene Sulfides and other Polythioethers.* Hgg. von *Norman G. Gaylord.* (High Polymers. Vol. XIII). New York und London: Interscience Publ. 1962. XIII, 303 S. Lwd. 96 s.

Das Werk besteht aus vier Hauptartikeln, die von mehreren Autoren verfaßt wurden. Es ist der dritte Teil des Bandes über Polyäther. Im Vorwort hebt der Herausgeber, Norman G. Gaylord, die Notwendigkeit der Zusammenstellung der Darstellungsweisen und Reaktionen der den Polyalkylenoxiden analogen Polyalkylensulfide hervor, da sich durch das unterschiedliche Verhalten von Sauerstoff und Schwefel die Reaktionen von Polyäthern nicht auf Polythioäther übertragen lassen.

Im Kapitel über Polyalkylensulfide werden die Herstellung von Episulfiden (Thiirane) und ihre Polymerisation, die Addition von Thiolen an Olefine und Carbonylverbindungen, verschiedene andere Methoden, wie zum Beispiel die Reaktion von Dithiolen mit Dihalogeniden, und die Polyarylensulfide behandelt. Sehr gut erscheint der Aufbau des Kapitels, denn es werden neben den Darstellungsweisen der entsprechenden Monomeren auch ihre Eigenschaften, die Polymerisationsmethoden (in Masse, Lösung und Emulsion), die Polymerisationsmechanismen sowie die Eigenschaften der Polymeren besprochen.

Die Polysulfidpolymeren werden in zwei verschiedenen Kapiteln abgehandelt, und zwar getrennt nach ihrem Chemismus und ihren Anwendungen. Neben den anorganischen Polysulfiden sind verschiedene Methylen- und Äthylenpolymere, sowie die Darstellung von Monomeren aufgeführt. Viel Raum ist der Herstellung von Alkylpolysulfidpolymeren gewidmet, wobei unter anderem auch an die Darstellung von thiolendgruppenhaltigen Polymeren und ihrer Härtbarkeit durch Oxydation gedacht wurde. Das Unterkapitel über physikalische Eigenschaften behandelt die Struktur der Polymeren, ihre Stabilität, die Giftigkeit sowie den Einfluß von Strahlung hoher Energie. Im Kapitel über Anwendungen der Polysulfidpolymeren finden wir Angaben über verschiedene Polysulfidgummiarten, ihre Verwendung (z. B. korrosionsbeständige Schutzüberzüge, als hochlösungsmittelbeständige Materialien für Schläuche u. a.), ihre Vulkanisation, ihre Verstärkung, elektrische Eigenschaften, Resistenz gegen Ozon, Sauerstoff und Kohlendioxyd. Es schließen sich Abschnitte über wäßrige Dispersionen, flüssige Polymere und ihre Reaktion mit Epoxidharzen an.

Das vierte Kapitel über Polysulfone behandelt die Polymeren aus Schwefeldioxid und Olefinen, die Initiierung der Polymerisation durch Sauerstoff, Peroxide, Azoverbindungen, Metallsalze, Strahlung usw., sowie die Polymerisationsverfahren, die Struktur der Polymeren und ihre Eigenschaften.

Dieses Buch mit über 1300 Literaturzitaten und dem umfangreichen Autoren- und Sachregister ist ein Nachschlagewerk, das allen an Polythioäthern Interessierten empfohlen werden kann. Es zeichnet sich besonders durch strenge Gliederung und sehr gute Übersichtlichkeit aus. Die äußere Ausstattung ist sehr gut. *K. Dietrich*

Wasch- und Netzmittel. Von *Gerhard Gawalek.* Berlin: Akademie-Verlag 1962. 232 S., 11 × 18 cm mit 31 Abb. und 3 Tab. Brosch. DM 12,50.

Das Bändchen, das eine Lücke in der Fachliteratur der DDR ausfüllt, ist als Nummer 2 in der Reihe „Chemie" der Wissenschaftlichen Taschenbücher erschienen. Allerdings ist die darin abgehandelte Materie mehr nach der technischen Seite hin orientiert.

Die einzelnen, ihrem Umfang nach sehr unterschiedlichen Kapitel haben folgenden Inhalt: Charakteristik der Wasch- und Netzmittel, Herstellung und Eigenschaften der Waschrohstoffe und Netzmittel (anionaktive, nichtionogene, kationaktive und ampholytische), Einteilung der oberflächenaktiven Substanzen nach ihrer Struktur, Zusammensetzung der komplexen Wasch- und Reinigungsmittel, weitere Anwendungsgebiete für Tenside, Analytik (qualitative und quantitative Untersuchungen, Gebrauchswertbestimmung der Fertigprodukte). Eine Bibliografie, ein Literatur- und ein Stichwortverzeichnis schließen das Bändchen ab.

Unter Berücksichtigung des beschränkten Umfangs der Monografie läßt sich sagen, daß es dem Verfasser zweifellos gut gelungen ist, dem Interessenten einen umfassenden Überblick über das Gebiet der Wasch- und Netzmittel zu geben. Diese Feststellung wird auch dadurch nicht beeinträchtigt, daß die einzelnen Sachgebiete vergleichsweise nicht immer ihrer praktischen Bedeutung gemäß gewürdigt wurden. So hätte auf manche unwichtigere verfahrensmäßige Einzelheiten (auch z. B. im analytischen Abschnitt) verzichtet werden können. Dagegen vermißt man Hinweise auf die oxäthylierten Fettsäuresorbitester (Span, Tween), die Äthylenoxyd-Propylenoxyd-Kondensate (Pluronics) sowie die Alkoxymethyl- und die Fettsäuremethylamid-pyridiniumchloride (Velan). Ferner wäre es angebracht gewesen, Medialan A gerade im Abschnitt 2.165 zu erwähnen und auf die Bedeutung der Kationtenside als Weichmachungsmittel sowie als Grundlage substantiver Mattierungsmittel im Abschnitt 2.33 einzugehen. Diese Schönheitsfehler werden sich in einer Neuauflage ausmerzen lassen. Das Bändchen kann all denen empfohlen werden, die sich im Studium oder aus fachlichen Gründen schnell eine Übersicht über das Gebiet der Tenside verschaffen wollen. *R. Schiffner.*

Vergrauungsfaktoren in der Chemischreinigung. Von *Harald Hedenetz* und *Friedrich Dehnert.* Forschungsberichte des Landes Nordrhein-Westfalen. Nr. 1254. Köln und Opladen: Westdeutscher Verlag 1963. 69 S. Kart. DM 32,50.

Nach einer Definition der Begriffe Vergrauung, Vergilbung und Verfärbung gehen die Autoren in einer kurzen Einführung auf den natürlichen Schmutz, dessen Haftung auf dem Textilgut und seine Abtragung mit Hilfe der textilen Reinigungsmethoden ein, wobei die hierfür vorherrschenden unterschiedlichen Gesetzmäßigkeiten zwischen einer Naßwäsche in wäßrigem Bade und der Chemischreinigung mit ihrem System Faser—Schmutz—organisches Lösungsmittel—Tensid—Wasserzusatz kurz und klar herausgestellt werden.

Die umfangreiche Literatur zur speziellen Frage der Vergrauung reicht bis in das Jahr 1939 zurück und wird ausführlich ausgewertet. Die Untersuchungen des „National Institute of Drycleaning" in Silver Spring, Maryland USA (NID) ließen 1940 als Ursache für die Vergrauung die elektrostatische Aufladung der Textilien im schlechtleitenden organischen Lösungsmittel und ihre Abhängigkeit vom Feuchtegehalt des Reinigungsgutes erkennen. Als nächster Schritt folgte in Konsequenz dieser Erkenntnis die Empfehlung des NID, der Reinigungsflotte in Gegenwart grenzflächenaktiver Stoffe Wasser zuzusetzen, das im Organicum in Form von Tensid-Wasser-Mizellen löslich ist (1952).

Eingehend besprochen werden die zahlreichen Arbeiten etwa der letzten acht Jahre zu folgenden Fragen: Wasserbindevermögen von Flotte und Faser; die zur Vermeidung unerwünschter Nebenwirkungen auf das Textilmaterial (Krumpfung, Filzen!) erforderliche Begrenzung im Wasserzusatz; Stärke der Vergrauung in Abhängigkeit vom Faserfeinbau und der Art der elektrischen Aufladung oder Teilchengröße eines redeponierten Pigmentschmutzes.

Systematische Versuchsreihen der „Forschungsstelle Chemischreinigung" e. V. in Krefeld beschäftigen sich mit dem Einfluß folgender Faktoren auf die Aufhellung und Vergrauung durch Rußpigmentschmutz:

1. Faserart,
2. Art des Reinigungsverstärkers bzw. grenzflächenaktiven Stoffes (Tensides),
3. Wasserzusatz.

Die auf über dreißig Seiten tabellarisch und in graphischen Schaubildern ausführlich wiedergegebenen Ergebnisse dieser Untersuchungen geben dem Wissenschaftler und Praktiker wertvolle Hinweise zu dem Problem der Vergrauung in der Chemischreinigung. *H.-E. Schwarzkopf*

Advances in Physical Organic Chemistry. Vol. 1. Hrsg. von *V. Gold.* Academic Press: London und New York 1963. XV, 443 S. Lwd. 90 s.

Der Begriff der physikalischen organischen Chemie enthält, wie *C. K. Ingold* im Vorwort ausführt, qualitative und quantitative Kenntnisse erstens der molekularen Strukturen in Grund- und Anregungszuständen und zweitens der Mechanismen, mit denen sich die Strukturen im Verlaufe der Reaktionen ändern. Die mit diesem Band begonnene Fortsetzungsreihe ist damit ein sichtbarer Ausdruck der Entwicklung der organischen Chemie in den letzten Jahren, die durch wachsende Einführung physikalisch-chemischer Untersuchungsmethoden und aus der Quantenmechanik entwickelter theoretischer Vorstellungen charakterisiert ist. — Im einzelnen werden folgende Themen behandelt:

Entropien der Aktivierung und Mechanismen von Reaktionen in Lösung. Von *L. L. Schaleger* und *F. A. Long.* — Mit der Kenntnis von Aktivierungsentropien lassen sich Rückschlüsse auf die Natur des Übergangszustandes und damit den Reaktionsmechnismus ziehen. Nach einleitender Darstellung der Theorie des Übergangszustandes wird anschließend die experimentelle Bestimmung von Aktivierungsenthalpien und -entropien beschrieben und die Rolle von Lösungsmitteln untersucht. Eine Reihe typischer Beispiele dient zur Beschreibung des Einflusses struktureller Änderungen von nicht reagierenden Teilen der Molekel. Das letzte Kapitel ist schließlich der Erkennung von Reaktionsmechanismen gewidmet. An Hand von Hydrolysen verschiedenartiger Substanzklassen sowie der Enolisierung von Cyclohexandion-1.2 wird die Anwendbarkeit des Entropiekriteriums anschaulich erläutert.

Eine quantitative Betrachtung bestimmender Effekte bei der aromatischen Substitution. Von *L. M. Stock* und *H. C. Brown.* — Es hat nicht an Versuchen gefehlt, die für quantitative Aussagen von Seitenkettenreaktionen (mit Ausnahme elektrophiler Reaktionen) bei m- und p-substituierten Benzolderivaten gültige *Hammett*sche Gleichung als solche oder in veränderter Form auch auf aromatische Substitutionsreaktionen auszudehnen. Das namentlich in den letzten 10 Jahren enorm angewachsene Tatsachenmaterial wird von den Autoren einer kritischen Wertung unterzogen, wobei eine Fülle interessanter Probleme diskutiert wird. Wesentliches Ergebnis ihrer Untersuchungen ist die Existenz einer Selektivitätsbeziehung, die in einfacher Form das bei einer gegebenen Reaktion auftretende Verhältnis von p- und m-Substitution beinhaltet und mit einigen Einschränkungen allgemein verwendbar ist.

Austauschreaktionen von Wasserstoffisotopen bei organischen Verbindungen in flüssigem Ammoniak. Von *A. I. Shatenshtein (A. J. Satenstejn).* — Gegenstand dieses Beitrages, der im wesentlichen Arbeiten des Verfassers beschreibt, ist der Wasserstoffisotopenaustausch bei C–H-Bindungen, der in amphoteren Lösungsmitteln nur schwer gelingt. Flüssiger Ammoniak dagegen, nach der *Brönsted*schen Definition ein protophiles Lösungsmittel, löst Kohlenwasserstoffe als schwache Säuren, so daß der über Carbanionen verlaufende Isotopenaustausch in ND_3 um 5 bis 6 Größenordnungen schneller verläuft als im vergleichsweise beschriebenen C_2H_5OD. Durch Verwendung von Kaliumamid als Katalysator kann infolge der starken Protonenaffinität des Amidions die Austauschgeschwindigkeit weiterhin beträchtlich gesteigert werden. Die unter Berücksichtigung der strukturellen Besonderheiten bei einer Vielzahl verschiedenartiger Kohlenwasserstoffe mitgeteilten Ergebnisse des Wasserstoffisotopenaustauschs lassen erkennen, daß bei einer großen Zahl von Verbindungen sowohl völlige als auch gezielte Deuterierung erreicht werden kann. Das Verfahren ermöglicht weiterhin neue Angaben über die Reaktivität organischer Verbindungen; z. B. können quantitative Messungen der Acidität von Kohlenwasserstoffen erfolgen.

Planare und nichtplanare aromatische Systeme. Von *G. Ferguson* und *J. M. Robertson.* — Auf der Basis der Theorie der chemischen Bindung werden zunächst die Existenzmöglichkeiten planarer und nichtplanarer aromatischer Molekeln erläutert und als Gründe für Abweichungen von planaren Strukturen intra- und intermolekulare sterische Effekte diskutiert. Die anschließend an Beispielen aus der Literatur beschriebenen qualitativen (Spaltung in optische Antipoden, Aufnahme von Absorptions- und Kernresonanzspektren, Ermittlung von Ionisierungskonstanten und Dipolmomenten) und quantitativen (Beugung von Röntgenstrahlen, Elektronen und Neutronen) Versuchsmethoden werden kritisch gewertet, da namentlich die quantitativen Ergebnisse mitunter differieren. Im letzten, weitaus umfangreichsten Kapitel werden die an einer Vielzahl aromatischer Verbindungen festgestellten Abweichungen von der planaren Struktur beschrieben.

Identifizierung organischer freier Radikale durch Elektronenspinresonanz-Spektroskopie. Von *M. C. R. Symons.* — In diesem Beitrag berichtet der Autor zusammenfassend über die in den letzten Jahren zum Thema erschienenen Publikationen von allgemeinen chemischen Interesse. An Hand typischer Beispiele wird zunächst die Darstellung verschiedener Radikaltypen behandelt. Die folgenden Kapitel „Radikale in Lösung", „Radikale in Kristallen" und „Radikale in Gläsern" enthalten eine Vielzahl verschiedenartiger Probleme; als Beispiele seien nur die Theorie der Hyperfeinkupplung mit α- und β-Protonen, die Veränderung der Spektren gelöster Radikale mit fallender Temperatur sowie die Identifizierung verschiedenartig erzeugter freier Radikale in Polymethylmethacrylat erwähnt. Nach kurzer Beschreibung der Besonderheiten der Spektren von Triplettzuständen und Molekelkomplexen gibt der Autor abschließend wertvolle Hinweise auf mögliche Fehlerquellen sowie praktische Ratschläge zur Bereitung der Proben, Durchführung der Messungen und Auswertung der Spektren.

Die Struktur organischer Molekeln bei Elektronenanregungen. Von *J. C. D. Brand* und *D. G. Williamson.* — Im ersten Teil der Übersicht wird zunächst ein Überblick zur Theorie der Elektronenspektren gegeben. Nach der Charakterisierung der Elektronenzustände durch resultierenden Spin und vollständige Wellenfunktion werden die Strukturen der elektronischen Übergänge erläutert, strukturbedingte Einflüsse erwähnt und das Molekularbahnen-Verfahren als eine die tatsächlichen Verhältnisse stark vereinfachende, praktisch jedoch nützliche Anschauung behandelt. Im zweiten Teil werden die oben genannten theoretischen Überlegungen auf eine Reihe von Substanzen angewandt und mit Versuchsergebnissen verglichen.

Die sorgfältige Literaturzusammenstellung und die kritische Darstellung bei jedem einzelnen Artikel geben die Gewißheit, daß der Leser sich bis zu einem bestimmten Zeitpunkt umfassend über ein bestimmtes Gebiet informiert hat, was das zeitraubende Literaturstudium außerordentlich erleichtert. Vielfalt und Aktualität der behandelten Themen sowie die hohe Qualität der Darstellung garantieren dem ersten Band der neuen Buchserie einen großen Interessentenkreis.

W. Jaeger

The Technology of Cordage Fibres and Rope. Von *David Himmelfarb.* London: Leonard Hill [Books] Ltd. 1957. XV, 370 S. Lwd. 35 s.

Das 1957 erschienene Buch schließt eine Lücke, die vor allem durch die Entwicklung der Synthesefasern recht fühlbar geworden war. Grundsätzlich ist an dem Buche folgendes sehr bemerkenswert:

Der Verfasser sagt bereits in seinem Vorwort, daß das „Warum" einer Technologie genau so wichtig ist wie das „Wie". Veraltete Verfahren werden verschwinden, wenn der Praktiker die Arbeitsgänge wirklich durchdenkt. Es ist ausgezeichnet gelungen, ein Buch zu schaffen, das zum Denken erzieht und gleichzeitig zum Nachschlagen dient. Den Kapiteln sind kurzgefaßte grundlegende Darlegungen vorangestellt, die das Prinzip eines Arbeitsganges erläutern, der dann je nach Faserbeschaffenheit abgewandelt ist. Auf Fotografien wird völlig verzichtet. Seht eindeutige Schemaskizzen und tabellarische zusammengestellte Parameter vermitteln die notwendigen Kenntnisse der Technologie. Durch gelegentliche Vergleiche verschiedener Maschinentypen bzw. Verarbeitungsweisen werden Fortschritte in der Entwicklung der Technologie auch ökonomisch betrachtet. Den Synthesefasern wird natürlich besondere Beachtung geschenkt.

Wie der Titel des Buches besagt, werden die Rohstoffe in verschiedener Hinsicht eingehend behandelt und ihre Verarbeitung zu Halbfertigfabrikaten für die Seilerei sowie die Seilherstellung selbst beschrieben. Hierbei ist als besonders gut die eingehende Beschreibung der Prüfmethodik von Garn und Seil hervorzuheben, wobei die Betriebskontrolle als „Schlüssel" zur Geschäftsführung besondere Beachtung findet.

Leider ist die bildliche Darstellung von Faseranlagen nicht gelungen und z. T. mit schweren Fehlern behaftet. Es mag noch ein Versehen sein, wenn in dem sehr schlechten Querschnittsbild eines Bastfaserstengels der Pfeil für den Holzzylinder „Holzfaser" ins Mark und der Pfeil für das Mark in den Stengelhohlraum zeigt, der in der Aufführung der Stengelteile im Bild nicht erwähnt wird.

Völlig falsch sind die Faserquerschnitte von Baumwolle — vermutlich sind hier 2 Luftblasen mit erfaßt! — und Hanf dargestellt. Die genannten Fehler lassen sich leicht beseitigen, zumal ja Literatur und ausgezeichnetes Bildmaterial reichlich vorhanden sind.

Das im übrigen ausgezeichnete Buch gehört in die Hand aller derer, die sich in irgendeiner Form mit Fragen der Seilerei befassen oder in diesem Industriezweig tätig sind.

K.-Ch. Menzel

Die Drehungsmessung als Grundlage der Garnherstellung in der Spinnerei. Von *Roland Nestler.* Berlin: Akademie-Verlag 1963. 115 S. mit 20 Abb., 21 Tab. und 17 Diagr. Kart. DM 24,50.

Die Ergebnisse von umfangreichen Versuchen, die der Autor im Rahmen einer Dissertationsarbeit durchführte, finden ihren Niederschlag in dem vorliegenden Buch. Nach einer ausführlichen und kritischen Betrachtung über bekannte Prüfverfahren und -geräte wird auf die Herstellung von Drehungstestgarnen eingegangen, von denen die beim Spinnen erteilten mittleren tatsächlichen Drehungen je Längeneinheit genau bekannt sind und deren Verwendung eine objektive Beurteilung von Drehungsprüfverfahren gestattete. Dabei zeigte sich, daß das von der Praxis bevorzugte und vom Autor modifizierte Spannungsfühlerverfahren nicht nur objektive und aussagekräftige Ergebnisse reproduziert, sondern bei Garnen auch eine größere Leistungsfähigkeit gegenüber dem Aufdrehverfahren aufweist. Die Modifizierung des Verfahrens besteht aus der Einführung der sog. Gleitlänge, die die Eigenschaften des zu prüfenden Materials berücksichtigt, und der Festlegung der entsprechenden Vorspannkräfte, die annähernd den Zugkräften gleichkommen, die beim Spinnprozeß auf das Fasermaterial einwirken. Es können alle Garne geprüft werden, die nach dem Baumwoll-,

Streichgarn- und Kammgarnspinnverfahren hergestellt sind. Bei dem neuen, modifizierten Spannungsfühlerverfahren tritt eine durchschnittliche prozentuale Mittelwertungenauigkeit von weniger als 1% auf, wogegen beim Aufdrehverfahren wegen der hierbei anzuwendenden kürzeren Einspannlänge Mittelwertabweichungen von bis über 9% doppelter Versuchsanzahl vorkommen. Überdies sind beim letztgenannten Prüfverfahren, das z. B. wegen der Schwierigkeit des Erkennens der Faserparallellage und der Bildung von Faserzusammenballungen beim Hindurchziehen der Nadel stark subjektiv beeinflußt wird, hochqualifizierte Kräfte erforderlich, die beim neuen Verfahren, das sich zur Automatisierung und Standardisierung eignet, für andere Arbeiten eingesetzt werden können. Vergleichsversuche, die im Arbeitsausschuß ,,Prüfung von Fäden" der Kammer der Technik nach dem im TGL-Entwurf 0-53832, Blatt 2 standardisierten modifizierten Spannungsfühlerverfahren durchgeführt wurden, bestätigen seine Brauchbarkeit.

Das vom Autor mit sehr viel Literaturhinweisen versehene und vom Verlag gut ausgestattete Buch wird in seiner erschöpfenden Behandlung des Themas Drehungsprüfung von Garnen all denen unentbehrlich sein, die sich intensiv mit diesem speziellen Gebiet der Textilprüfung beschäftigen wollen.

Frank Schmidt

Patentschau

Auszug aus der Lieferung 1/2/1964 der Patentschau ,,Faserstoffe und Textiltechnik", Ausgabe A: Faserstoffe einschl. Kunststoffe und organ. Grundsubstanzen, zusammengestellt von der Abteilung Wissenschaftliches Berichtswesen des Instituts für Faserstoff-Forschung, Teltow-Seehof, Kantstr. 55

Die Patentschau ist nach der deutschen Patentklasseneinteilung gegliedert. Es bedeuten: DDP = DDR-Patent; DBP = Deutsches Bundespatent; DAS = (West)-Deutsche Auslegeschrift; OeP = Österreichisches Patent; SzP = Schweizer Patent; FrP = Französisches Patent; GBP = Britisches Patent; SvP = Schwedisches Patent; SUP = Sowjetisches Patent; ČSP = Tschechisches Patent; USP = Amerikanisches Patent; — A = Anmelde-, B = Bekanntmachungs-, E = Erteilungsdatum.

Klasse 29 a

SUP 157048 (Urheberschein). Aggregat zur Herstellung von Viskosestapelfaser in Form eines Spinnkabels mit vorgegebenem Gewicht. Inh.: Vsesojuznyj naučno-issledovatel'skij institut iskusstvennogo volokna, Gosudarstvennyj institut po proektirovaniju predprijatij iskusstvennogo volokna i Special'noe konstruktorsko-technologičeskoe bjuro mašin chimičeskich volokon. A. 5. 1. 62, B. 25. 9. 63, Kl.: 29a, 6/05, A.-Z.: 758543/28.

SUP 157049 (Urheberschein). Anlage zum Spinnfärben von Viskose. Erf.: *V. P. Terent'ev* u. *M. I. Žitomirskij*, A. 24. 4. 62, B. 25. 9. 63, Kl.: 29a, 6/06, A.-Z.: 775102/28—12.

USP 3101522. Aus drei Fäden bestehendes Tweedgarn. Erf.: *G. S. Hooper, T. G. Finzel* u. *G. A. McFarren*, Inh.: Hercules Powder Co., Wilmington, Del., A. 1. 12. 60, E. 27. 8. 63, Kl.: 28—74, 12 Anspr., A.-Z.: 72997.

FrP 1340333 (Aj.). Verfahren und Vorrichtung zum Heißverstrecken von synthetischen Fasern. Inh.: Asahi Kasei Kogyo Kabushiki Kaisha. A. 7. 9. 62, E. 9. 9. 63, Int. Kl.: D 01 d; D 02 d, A.-Z.: 908916.

GBP 930546. Streckvorrichtung. Inh.: E. I. du Pont de Nemours & Co., 16. 9. 59, Kl.: 2 (2), A.-Z.: 31634/59.

USP 3101990. Verfahren zum Verstrecken von fadenförmigen Strukturen. Erf.: *H. H. Heighton*, Inh.: E. I. du Pont de Nemours & Co., Wilmington, Del., A. 13. 10. 60, E. 27. 8. 63, Kl.: 18—48, 5 Anspr., A.-Z.: 64678.

ČSP 109095. Vorrichtung zum Messen und Regulieren der Schmelzenoberfläche in Spinnapparaturen. Erf.: *H. Wadewitz*, 24. 11. 61/15. 6. 63/15. 11. 63. Kl.: 29a, 6/11, A.-Z.: 6972/61.

USP 3102301. Alarmvorrichtung zum Anzeigen der Minimalfüllhöhe von Schmelzen. Erf.: *J. N. D. Dechene*, Inh.: E. I. du Pont de Nemours & Co., Wilmington, Del., A. 1. 11. 62, E. 3. 9. 63, Kl.: 18—8, 7 Anspr., A.-Z.: 234775.

FrP 81737 Zus. z. Pat. 1289491 (Aj.). Verfahren zum Kräuseln von thermoplastischen Fäden. Vorrichtung zu dessen Durchführung und neue erhaltene Fäden. Inh.: Société Rhodiaceta, A. 29. 5. 62, E. 23. 9. 63, Int. Kl.: D 01 d, A.-Z.: 899096.

FrP 1341953. Verfahren und Vorrichtung zur Verbesserung der spontanen Kräuselung von synthetischen Textilfäden. Erf.: *L. Ciporin* u. *P. R. Latour*, Inh.: E. I. du Pont de Nemours & Co., A. 26. 12. 62, E. 23. 9. 63, Int. Kl.: D 01 d, A.-Z.: 919640, Prior.: 26. 12. 61 (US; A.-Z.: 162019).

ČSP 108943. Vorrichtung zum Kräuseln von Chemiefasern. Erf.: *M. Čech* u. *J. Joch*, 24. 11. 61/15. 5. 63/15. 11. 63. Kl.: 29a, 6/20, A.-Z.: 6948/61.

Klasse 29 b

SUP 156647 (Urheberschein). Verfahren zur Reinigung von Abwässern bei der Herstellung von Viskosefasern. Erf.: *A. Kazymov, A. A. Litvak, M. G. Volkov, S. A. Tairov, I. Z. Guslicer, S. L. Zak, S. L. Dič* u. *M. Ju. Lur'e*, A. 24. 3. 61, B. 28. 8. 63. Kl.: 29b, 3/28. A.-Z.: 724329/23.

SUP 156648 (Urheberschein). Verfahren zum Spinnen der Triacetatfaser. Erf.: *N. N. Zav'jalova, N. V. Michajlov, V. I. Majboroda, N. S. Il'ina, G. V. Zacharova, A. A. Nikitin* u. *L. I. Gilokova*, A. 26. 5. 62, B. 28. 8. 63, Kl.: 29b, 3/30, A.-Z.: 779952/23—4.

GBP 930074. Künstliche Fäden. Inh.: A. Abbey (Union Carbide Corp.). A. 5. 8. 59, Kl.: 2 (2), A.-Z.: 26780/59.

SUP 157454 (Urheberschein). Verfahren zur Herstellung einer synthetischen Faser. Erf.: *A. A. Konkin, Ju. D. Andričenko, G. V. Družinina* u. *I. N. Andreeva*, A. 4. 7. 62, B. 5. 10. 63, Kl.: 29b, 3/65. A.-Z.: 785078/23—4.

USP 3102775. Naßspinnverfahren für stereoregulären Polyvinylalkohol. Erf.: *N. V. Seeger*, Inh.: Diamond Alkali Co., Cleveland, Ohio, A. 17. 6. 60, E. 3. 9. 63, Kl.: 18—54, 5 Anspr., A.-Z.: 36738.

USP 3102869. Polyvinylacetalharz enthaltende färbbare Poly-α-olefinfasern. Erf.: *W. Coover jr.* u. *F. B. Joyner*, Inh.: Eastman Kodak Co., Rochester, N. Y., A. 11. 8. 60, E. 3. 9. 63, Kl.: 260—45,5 20 Anspr., A.-Z.: 48804.

USP 3102321 Zus. z. Pat. 2977746. Verfahren zur Verarbeitung von thermoplastischen Garnen. Erf.: *N. E. Klein* u. *C. G. Evans*, Inh.: Deering Milliken Research Corp., Spartanburg, S. C., A. 10. 2. 61, E. 3. 9. 63, Kl.: 28—72, 2 Anspr., A.-Z.: 88384.

USP 3101521. Verfahren zur Herstellung von gekräuseltem Garn aus Endlosfäden. Erf.: *A. J. Rosenstein, N. Rosenstein* u. *T. F. Suggs*, Inh.: Spunize Co. of America, Inc., Unionville, Conn., A. 25. 6. 59, E. 27. 8. 63, Kl.: 28—72, 10 Anspr., A.-Z.: 822837.

USP 3102322. Verfahren zur Herstellung von Kräuselgarn, das für Gewebe zur Wohnraumgestaltung verwendet wird. Erf.: *R. Whitaker*, Inh.: Fred Whitaker Co., Philadelphia, Pa., A. 14. 8. 61, E. 3. 9. 63, Kl.: 28—72, 6 Anspr., A.-Z.: 131402.

USP 3102838. Faserbehandlung und das entstehende Produkt. Erf.: *R. B. Hervey*, Inh.: John A. Manning Paper Co., Inc., Troy, N. Y., A. 23. 2. 60, E. 3. 9. 63, Kl.: 162—152, 20 Anspr., A.-Z.: 10469.

Klasse 39 c

SUP 156676 (Urheberschein). Verfahren zur Herstellung von Polyesterurethanen. Erf.: *S. L. Polinskij, I. P. Losev, S. A. Pavlov* u. *I. V. Plotnikov*, A. 20. 9. 61, B. 28. 8. 63, Kl.: 39b, 22/01, A.-Z.: 745294/23—4.

USP 3102875. Polyurethanreaktionsprodukt und Verfahren zu dessen Herstellung. Erf.: *H. L. Heiss*, Inh.: Monsanto Chemical Co., St. Louis, Mo.; u. Mobay Chemical Co., Pittsburgh, Pa., A. 7. 8. 53, E. 3. 9. 63. Kl.: 260—77,5, 12 Anspr., A.-Z.: 373036.

DAS 1156556. Verfahren zur Herstellung von Mischpolyamiden. Erf.: *P. Schlack*, Anm.: Farbwerke Hoechst AG vorm. Meister Lucius & Brüning, Frankfurt/M., A. 4. 6. 54, B. 31. 10. 63, Kl.: 39c, 10, A.-Z.: F 31281.

SzP 373558. Verfahren zur Extraktion von niedermolekularen Anteilen aus Poly-ε-caprolactam-granulat oder -schnitzeln. Erf.: *W. Zehnder* u. *K. Ryffel*, Inh.: Inventa AG für Forschung und Patentverwertung, Zürich, Stampfenbachstraße 38, Zürich, Korrespondenzadresse: Postfach 2701, Zürich 23, A. 6. 12. 58, E. 30. 11. 63. Kl.: 39c, 10, A.-Z.: 67002/58.

DAS 1157782. Verfahren zur Herstellung von hochmolekularen, thermoplastischen Polyestern. Erf.: *A. J. Conix*, Anm.: Gevaert Photo-Producten N. V., Mortsel, Antwerpen (Be), A. 18. 5. 60, B. 21. 11. 63, Kl.: 39c, 16, A.-Z.: G. 29704. Prior.: 18. 3. 60 (Be; A.-Z.: 39631).

ČSP 108844. Verfahren zur kontinuierlichen Herstellung von Polycarbonaten. Erf.: *J. Kincl*, Ing.; *A. Matějíček*, Ing., u. *V. Volejník*, 10. 7. 62/15. 5. 63/15. 11. 63, Kl.: 39c, 16, A.-Z.: 4136/62.

SUP 156680 (Urheberschein). Verfahren zur Herstellung von Polyestern. Erf.: *V. V. Koršak, S. V. Vinogradova, P. M. Valeckij* u. *M. G. Deborin*, 29. 5. 62, B. 28. 8. 63, Kl.: 39c, 1, A.-Z.: 781279/23—4.

SUP 157103 (Urheberschein). Verfahren zur Herstellung von zusammengesetzten Polyestern. Erf.: *S. Z. Levin* u. *A. L. Šapiro*, A. 1. 8. 62, B. 25. 9. 63, Kl.: 39c, 16, A.-Z.: 789164/23.

DAS 1157395. Verfahren zur Herstellung von Eupolyoxymethylenen. Erf.: *H. Hopff* u. *H. Metzler*, Anm.: Deutsche Gold- und Silber-Scheideanstalt vorm. Roessler, Frankfurt/M., A. 18. 4. 59, B. 14. 11. 63, Kl.: 39c, 18, A.Z.: D 30477.

DAS 1157783. Verfahren zur Herstellung von linearen Polyoxymethylenen. Erf.: *S. Rösinger*, Anm.: Farbwerke Hoechst AG vorm. Meister Lucius & Brüning, Frankfurt/M., A. 4. 2. 60, B. 21. 11. 63, Kl.: 39c, 18, A.-Z.: F 30452.

OeP 231714. Verfahren zur Herstellung eines Oxymethylenpolymeren mit hoher thermischer Stabilität. Inh.: Celanese Corp. of America, New York, 14. 6. 61/15. 6. 63/15. 12. 63, Kl.: 39b, 16, A.-Z.: A 4615/61.

OeP 231715. Verfahren zur Herstellung eines verformbaren Oxymethalenpolymeren. Inh.: Celanese Corp. of America, New York, 15. 6. 61/15. 6. 63/15. 12. 63, Kl.: 39b, 16, A.-Z.: A 4647/61.

DAS 1156559. Verfahren zur Herstellung von hydroxylgruppenhaltigen Vinylchlorid-Vinylacetat-Mischpolymerisaten. Erf.: *E. Heinrich, F. Derichs* u. *F. Broich*, Anm.: Chemische Werke Hüls AG, Marl (Kr. Recklinghausen), A. 7. 1. 60, B. 31. 10. 63, Kl.: 39c, 25/01, A.-Z.: C 20509.

DAS 1156560. Verfahren zur Herstellung von Polymerisaten und Mischpolymerisaten aus vinylaromatischen Verbindungen. Erf.: *H. Hardtung*, u. *R. Praefke*, Anm.: Chemische Werke Hüls AG, Marl (Kr. Recklinghausen), A. 13. 3. 62, B. 31. 10. 63, Kl.: 39c, 25/01, A.-Z.: C 26472.

DAS 1157396. Verfahren und Vorrichtung zur Herstellung von Olefinpolymerisaten. Erf.: *H. Lautenschläger, H. Möller, K. Schmid* u. *H. Weber*, Anm.: Badische Anilin- & Soda-Fabrik AG, Ludwigshafen/Rhein, A. 12. 9. 61, B. 14. 11. 63, Kl.: 39c, 25/01, A.-Z.: B 63980.

DAS 1157397. Verfahren zur Polymerisation von N-Vinyllactamen. Erf. *J. F. Voeks* u. *T. G. Traylor*, Anm.: The Dow Chemical Co., Midland, Mich. (US), A. 10. 3. 61, B. 14. 11. 63, Kl.: 39c, 25/01, A.-Z.: D 35625.

OeP 231710. Verfahren zur Herstellung von neuen modifizierten Homooder Copolymerisaten. Inh.: Durlin Werk AG, Wien, 9. 6. 61/15. 6. 63/15. 12. 63, Kl.: 39b, 14, A.-Z.: A 4489/61.

GBP 927761. Polymerisation von Olefinen. Inh.: Sun Oil Co., A. 22. 6. 60, Kl.: 2 (6), A.-Z.: 21922/60.

GBP 927960. Vinylchloridpolymere. Inh.: Escambia Chemical Corp., A. 18. 4. 61, Kl.: 2 (6), A.-Z.: 13916/61.

GBP 930634. Olefinpolymere; Polymerisationskatalysatoren. Inh.: Eastman Kodak Co., A. 20. 8. 59, Kl.: 2 (6), A.-Z.: 28192/61.

ČSP 108866. Verfahren zur Erniedrigung des Molekulargewichts von Polypropylen. Erf.: *L. Ambrož*, *S. Dvořák* u. *V. Sedmíková*, 14. 6. 61/15. 5. 63/15. 11. 63, Kl.: 39c, 25/01, A.-Z.: 3697/61.

SUP 156675 (Urheberschein). Verfahren zur Herstellung eines elastischen Blockpolymeren. Erf.: *E. B. Zobov* u. *T. B. Djul'ger*, A. 28. 3. 60, B. 28. 8. 63, Kl.: 39b, 19/07, A.-Z.: 660306/23.

SUP 156681 (Urheberschein). Verfahren zur Herstellung von Polymeren. Erf.: *A. I. Jurženko*, *N. Ja. Vil'šanskaja* u. *V. A. Vil'šanskij*, A. 22. 6. 61, B. 28. 8. 63, Kl.: 39c, 25/01, A.-Z.: 735368/23–4.

SUP 157104 (Urheberschein). Verfahren zur Herstellung faserbildender Copolymerer des Acrylnitrils. Erf.: *V. S. Klimenkov*, *I. S. Dorochina* u. *B. D. Bogomolov*, A. 1. 12. 61, B. 25. 9. 63, Kl.: 39c, 25/01, A.-Z.: 754027/23–4.

SUP 157105 (Urheberschein). Verfahren zur Herstellung von Copolymeren des Vinylalkohols. Erf.: *S. N. Ušakov* u. *E. F. Panarin*, A. 23. 4. 62, B. 25. 9. 63, Kl.: 39c, 25/01, A.-Z.: 775107/23–4.

SUP 157106 (Urheberschein). Verfahren zur Herstellung von Polyvinylalkohol. Erf.: *A. F. Nikolaev*, *S. N. Ušakov*, *Višneveckaja* u. *E. V. Lebedeva*, A. 15. 6. 62, B. 25. 9. 63, Kl.: 39c, 25/01, A.-Z.: 782792/23.

SUP 157108 (Urheberschein). Verfahren zur Herstellung von Pfropfcopolymeren. Erf.: *Z. A. Rogovin* u. *R. M. Livšic*, A. 22. 12. 61, B. 25. 9. 61, Kl.: 39c, 30, A.-Z.: 757685/23–4.

Klasse 42k, 50

DAS 1157813. Vorrichtung zur Gewichtsbelastung an Garnscheuerprüfgeräten. Erf.: *A. Lauckner* u. *H. Wächtler*, Anm.: Forschungsinstitut für Textiltechnologie, Karl-Marx-Stadt, A. 19. 11. 57, B. 21. 11. 63, Kl.: 42k, 50, A.-Z.: F 24436.

SzP 372858. Verfahren und Vorrichtung zur Feststellung und Beseitigung von fehlerhaften, spontanen Querschnittsänderungen in Textilmaterial, insbesondere in Garnen, Vorgarnen oder Bändern. Erf.: *P. Jucker*, Inh.: Zellweger AG Apparate- und Maschinenfabriken, Uster, Uster, A. 11. 9. 59, E. 31. 10. 63, Kl.: 42k, 50, A.-Z.: 78139/59.

SUP 157146 (Urheberschein). Gerät für die Prüfung von gewebten, gewirkten und nichtgewebten Materialien. Erf.: *N. Ch. Urazov*, A. 24. 12. 62, B. 25. 9. 63, Kl.: 42k, 50, A.-Z.: 809853/28–12.

Literaturschau

Auszug aus Lieferung 1 und 2/1964 des Dokumentationsdienstes „Faserstoffe und Textiltechnik", zusammengestellt von der Abteilung Wissenschaftliches Berichtswesen des Instituts für Faserstoff-Forschung, Teltow-Seehof, Kantstr. 55

I. Wissenschaftliche Grundlagen

Physik und Chemie der Hochpolymeren

Dumanskij, I. A., *Chajlenko, L. V.*, u. *Prokopenko, L. V.*, Untersuchung der Schmelzviskosität von Kapron. Kolloid. Ž., Moskva **25** (1963) 6, S. 646 bis 648.

Moore, W. R., u. *Hutchinson, R. J.*, Viskositäts-Molekulargewichts-Beziehung für Polyvinylchlorid. Nature, London **200** (1963) 4911, S. 1095 bis 1096.

Konstantinopol'skaja, M. B., *Berestneva, Z. Ja.*, u. *Kargin, V. A.*, Einfluß des Molekulargewichts auf die Strukturierung von ND-Polyäthylen. IV. Vysokomol. Soed. (Hochmol. Verbind.) **5** (1963) 11, S. 1702–1705.

Chamraev, S. S., *Aripov, E. A.*, u. *Achmedov, K. S.*, Strukturbildung in Lösungen von Polyacrylnitrilhydrolyseprodukten. Kolloid. Ž., Moskva **25** (1963) 6, S. 716–717.

Masura, V. J., Zur Frage der Polymolekularität des kurzfasrigen Anteils des Zellstoffes. Faserforsch. u. Textiltechnik **14** (1963) 12, S. 527–530.

Kargin, V. A., u. *Koreckaja, T. A.*, Elektronenmikroskopische Untersuchung des Einflusses von Oleinsäure auf die Entwicklung von sekundären Strukturen im Polyäthylen. Vysokomol. Soed. (Hochmol. Verbind.) **5** (1963) 11, S. 1729–1732.

Goodwin, F. L., Die Anwendung von Tollen's Reagenz bei der mikroskopischen Untersuchung der Oberflächenstruktur von Natur- und Synthesefasern. Textile Res. J. **33** (1963) 10, S. 864–865.

Lomonte, J. N., Das Infrarotspektrum von Äthylen-Propylen-Copolymeren und die Bestimmung des Propylengehalts. J. Polymer Sci., Part B **1** (1963) 11, S. 645–647.

Kissin, Ju. V., *Cvetkova, V. I.*, u. *Čiskov, N. M.*, Bestimmung des Isotaktizitätsgrades bei Polypropylen auf Grund seiner UR-Spektren. Dokl. Akad. Nauk SSSR (Ber. Akad. Wiss. UdSSR) **152** (1963) 5, S. 1162–1165.

Novak, I. I., Bestimmung des Kristallinitätsgrades von Kapron mit Hilfe der UR-Spektroskopie. Vysokomol. Soed. (Hochmol. Verbind.) **5** (1963) 11, S. 1645–1652.

Fröhlich, H. G., u. *Rau, J.*, Infrarot-Untersuchung von karrotiertem Fell. Textile Res. J. **33** (1963) 10, S. 865–866.

Lebedev, Ja. S., *Cvetkov, Ju. D.*, *Voevodskij, V. V.*, Untersuchung der Reaktionen von freien Radikalen in bestrahltem Polytetrafluoräthylen. V. Erörterung von Reaktionsmechanismen. Vysokomol. Soed. (Hochmol. Verbind.) **5** (1963) 11, S. 1608–1614.

Sakurada, Y., *Matsumoto, M.*, *Imai, K.*, *Nishioka, A.*, *Kato, Y.*, Magnetische Protonresonanzspektren von Poly-α-methylstyrol. J. Polymer Sci., Part B **1** (1963) 11, S. 633–639.

Nekrjač, E. F., *Samčenko, Z. A.*, u. *Dumanskij, A. V.*, Sorptionsisothermen und Benetzungswärmen von Polyhexamethylenadipamid. Kolloid. Ž., Moskva **25** (1963) 6, S. 666–671.

Roldan, L. G., u. *Kaufman, H. S.*, Kristallisation von Polyamid-6. J. Polymer Sci., Part B **1** (1963) 11, S. 603–608.

Voskresenskij, V. A., u. *Šakirzjanova, S. S.*, Über die Festigkeitserhöhung von PVC in Gegenwart von kleinen Mengen Weichmacher. Izv. vysšich uč. Zav. Chimija chim. Technol. (Hochschulnachr. Chemie chem. Technol.) **6** (1963) 4, S. 643–646.

Dalton, F. L., *Houlton, M. R.*, u. *Sykes, J. A.*, Gasausbeute bei mit Elektronen bestrahlter Baumwollcellulose. Nature, London **200** (1963) 4909, S. 862–864.

Woodward, A. E., Vergleich von Löslichkeitswerten für bestrahltes Polypropylen. J. Polymer Sci., Part B **1** (1963) 11, S. 621–623.

Rozancev, E. G., *Krinickaja, L. A.*, u. *Rozynoc, B. V.*, Thermooxydativer Abbau von Polypropylen in Gegenwart von Borsäureestern. Plastičeskie Massy, Moskva (Plast. Massen) (1963) 11, S. 46–48.

Van Valkenburg, A., u. *Powers, J.*, Optische Beobachtung der durch Druck ausgelösten Umwandlungen in Polymeren. J. appl. Physics, New York **34** (1963) 8, S. 2433–2434.

Conrad, C. M., *Harbrink, P.*, u. *Murphy, A. L.*, Veränderungen von gewissen strukturellen und mechanischen Eigenschaften von Baumwollcellulose mit fortschreitender Acetylierung. Textile Res. J. **33** (1963) 10, S. 784–794.

Bodor, G., u. *Kalló, D.*, Untersuchung der Produktionsungleichmäßigkeit synthetischer Fasermaterialien mit der Diffraktionsmethode. Magyar Textiltechn. **15** (1963) 11, S. 503–505.

Snyman, J. G., Bilaterale Cortexstruktur und Kräuselung der Wolle. Textile Res. J. **33** (1963) 10, S. 803–809.

Haly, A. R., u. *Snaith, J. W.*, Die Längsquellung von modifizierten Lincoln-Wollfasern. Textile Res. J. **33** (1963) 10, S. 872–873.

Haly, A. R., Spannungs-Dehnungsverhalten und Volumenquellung von Wollfasern, die in LiBr-Lösung in elastischen Zustand überführt werden. Kolloid-Z./Z. Polymere **191** (1963/I) 2, S. 105–114.

Prevorsek, D., u. *Tobolsky, A. V.*, Bestimmung des Schrumpfverhältnisses von orientierten Fasern unter Ausschluß des Fließens. Textile Res. J. **33** (1963) 10, S. 795–802.

Greyson, J., u. *Levi, A. A.*, Kalorimetrische Messungen der Wärmesorption von Wasserdampf an trockengequollener Celloluse. J. Polymer Sci., Part A **1** (1963) 11, S. 3333–3342.

Rothe, I., u. *Rothe, M.*, Synthese, Nachweis und Isolierung hochgliedriger Ringamide aus Nylon-66. Lineare und cyclische Oligomere X. Makromol. Chemie **68** (1963) S. 206–210.

Figini, R. V., Molekulargewichtsverteilungen und kinetisches Verhalten bei Polymerisationen ohne Abbruchsschritt. Z. physik. Chemie, N. F., Frankfurt/M. **38** (1963) 5/6, S. 341–363.

Polymerisation

Morton, M., u. *Piirma, I.*, Die Verzweigungsreaktion. III. Polymer-Übertragungskonstanten des Vinylacetats zu Styrol und Methylmethacrylat. J. Polymer Sci., Part A **1** (1963) 10, S. 3043–3065.

Braun, D., *Hintz, H.*, u. *Kern, W.*, Endgruppenuntersuchungen an isotaktischen Polystyrolen. VII. Mitt. Über die stereospezifische Polymerisation von Styrol mit alkaliorganischen Verbindungen. Makromol. Chemie **68** (1963) S. 48–68.

Barnikol, W. K. R., u. *Schulz, G. V.*, Zur Kinetik der anionischen Polymerisation von Styrol in Tetrahydropyran. Makromol. Chemie **68** (1963) S. 211–215.

Sakurada, I., *Sakaguchi, Y.*, u. *Yamaguchi, K.*, Polymerisation von Vinylacetat in Suspension mit α,α'-Azobisisobuttersäurenitril als Katalysator. Chem. High. Polymers. Tokyo **20** (1963) 220, S. 491–496 (jap.; engl. Zusammenfass.).

Bengough, W. I., *Mac Intosh, S. A.*, u. *Ross, I. O.*, Eisen-(III)-chlorid als Photoinitiator und Kettenabbruchmittel bei der Vinylpolymerisation. Nature, London **200** (1963) 4906, S. 567–568.

Nakano, S., *Iwasaki, K.*, u. *Fukutani, H.*, Stereospezifische Polymerisation von Vinylalkyläthern. J. Polymer Sci., Part A **1** (1963) 11, S. 3277–3288.

Yoshida, M., u. *Tanouchi, K.*, Lösungspolymerisation von Acrylnitril in wäßriger Zinkchloridlösung. I. Polymerisationskinetik. II. Einfluß der wäßrigen Zinkchloridlösung (als Lösungsmittel) auf die Polymerisation von Acrylnitril. Chem. High Polymers. Tokyo **20** (1963) 221, S. 545–556 (jap.; engl. Zusammenfass.).

Minsker, K. S., *Černovskaja, R. P.*, u. *Zacharova, A. S.*, Kinetik und Mechanismus der Propylen-Polymerisation in Gegenwart von Styrol am katalytischen System α-$TiCl_3$ + AlR_3). Vysokomol. Soed. (Hochmol. Verbind.) **5** (1963) 11, S. 1627–1631.

Schultz, D. R., Polymerisation von Vinylmonomer-Trialkylboran-Mischungen unter Luftabschluß. J. Polymer Sci., Part B **1** (1963) 11, S. 613–616.

Ordelt, Z., Über die ungesättigten Lactonpolyester. Makromol. Chemie **68** (1963) S. 166–179.

Losev, I. P., *Smirnova, O. V.*, u. *Korovina, E. V.*, Synthese und Untersuchung von Polyestern der Kohlensäure. IV. Synthese und Untersuchung von Polycarbonaten auf der Basis von 1,1-(4,4'-Dioxydiphenyl)-cyclohexan und Phosgen. V. Polyester der Kohlensäure auf der Basis von 2,2-Di-(4-oxy-3,3-dibromphenyl)propan und Phosgen. – Vysokomol. Soed. (Hochmol. Verb.) **5** (1963) 10, S. 1491–1495; 11, S. 1603–1607.

Losev, I. P., *Erofeeva, S. B.*, *Smirnova, O. V.*, u. *D'jačenko, L. L.*, Untersuchungen auf dem Herstellungsgebiet von Polycarbonaten. Synthese und Untersuchung von Polycarbonaten auf der Basis von 2,2-(3,3'-Dichlor-4,4'-dioxydiphenyl)-propan und Phosgen. Plastičeskie Massy, Moskva (Plast. Massen) (1963) 11, S. 8–11.

Fedotova, O. Ja., *Zakoščikov, S. A.*, u. *Losev, I. P.*, Über einige Eigenschaften von nach der Interphasenpolykondensationsmethode erhaltenen aromatischen und arylaliphatischen Polyamiden. VI. Vysokomol. Soed. (Hochmol. Verbind.) **5** (1963) 11, S. 1671–1674

Overberger, C. G., u. *Jabloner, H.*, Optisch aktive Polyamide. Poly-D(–)-β-methyl-ε-caprolactam. J. amer. chem. Soc. **85** (1963) 21, S. 3431–3435.

Beynon, K. I., Phosphor enthaltende Monomere. Teil I. Copolymerisation von Phosphonaten mit n-Laurylmethacrylat. Teil II. Copolymerisation von Diallylphenylphosphinoxid mit n-Laurylmethacrylat. J. Polymer Sci., Part A **1** (1963) 11, S. 3343–3372.

Mark, H. F., u. *Ogata, N.*, Copolymerisation von Aldehyden. J. Polymer Sci., Part A **1** (1963) 11, S. 3439–3458.

Terterjan, R-A., *Dinces, A. I.*, u. *Rysakov, M. V.*, Blockcopolymerisation von Äthylen mit Vinylacetat. Ž. vsesojuz. chim. Obšč. Mendeleeva (Z. chem. Allunions-Mendelejew-Ges.) **8** (1963) 5, S. 589–591.

Hayakawa, K., *Chen-Chong Lin*, *Kawase, K.*, u. *Matsuda, T.*, Durch γ-Strahlung ausgelöste Pfropfcopolymerisation. VII. Die Zusammensetzung von mit Styrol gepfropften Celluloseacetatfasern. Chem. High Polymers, Tokyo **20** (1963) 221, S. 540–544 (jap.; engl. Zusammenfass.).

II. Faserstoffe. Ausgangsstoffe usw.

Naturfaserstoffe

Pflanzenfaserstoffe

Chomuckij, N. D., Verdampfen der Feuchtigkeit in den Schichtelementen von Bastfasermaterialien. Izv. vysšich uč. Zav. Technol. tekstil. Prom. (Hochschulnachr. Technol. Textil-Ind.) (1963) 4, S. 34–41.
Grant, J. N., Kingsbery, E. C., Tsoi, R. H., u. *Griffin, A. H.*, Einflüsse der Erwärmung, Reinigung und mechanischen Verarbeitung auf Baumwolle. Teil III. Fasereigenschaften und Spinnverhalten. Textile Res. J. **33** (1963) 10, S. 839–848.

Tierische Faserstoffe

Asquith, R. S., u. *Shaw, T.*, Einige Wechselbeziehungen zwischen der Hydrolyse von Glycylglycin und Wolle in Schwefelsäure. J. Soc. Dyers Colourists **79** (1963) 11, S. 524–526.

Chemiefaserstoffe

Regeneratfaserstoffe

Vescia, M., u. *Jettmar, W.*, Polynosische Fasern, ihr physikalisches und färberisches Verhalten. Z. ges. Textilind. **65** (1963) 11, S. 920–928.
Park, G. S., Mit γ-Strahlen bestrahlte vernetzte Cellulose. J. Polymer Sci., Part B 1 (1963) 11, S. 617–620.

Synthetische Faserstoffe

Stocker, E., Neuentwicklungen auf dem Gebiet der synthetischen Faserstoffe. Z. ges. Textilind. **65** (1963) 11, S. 938.
Anderson, F. R., Ätzung von synthetischen Fasern durch Beschuß mit Ionen. II. J. appl. Physics, New York **34** (1963) 8, S. 2371–2373.
Verarbeitung von Polypropylen- und Polyacrylnitrilfasern in der Textilindustrie. Textil, Praha **18** (1963) 11, S. 413–415.
Geleji, F., u. *Dutka, G.*, Faserbildung aus Polypropylen. Magyar Textiltechn. **15** (1963) 11, S. 506–507.
Schork, Ch., Das Färben von Velicren und Velicren/Wolle. Ciba-Rdsch., Basel (1963) 5, S. 44–48.

Künstliche mineralische Faserstoffe

Glasfäden als Textilmaterial. Ciba-Rdsch., Basel (1963) 5, S. 19–33.

III. Spinnerei (Verspinnen)

Spinnereivorbereitung

Orlov, I. M., Ein neues Verfahren für die Kennzeichnung und Entfernung von pflanzlichen Verunreinigungen aus grober und halbgrober östlicher Wolle. Tekstil. Prom., Moskva (Textil-Ind.) **23** (1963) 9, S. 41–44.
Władysław, J., Tadeusz, J., Neue Konstruktion von Strecken für Baumwolle und Chemiefasern. Technik włókienn. (Textiltechnik) **12** (1963) 9, S. 217 bis 221.
Pujol, C., Ein neuer Kennwert zur Bewertung der Wirksamkeit des Vorbereitungsprozesses in der Kammgarnspinnerei. Invest. Inform. textil, Barcelona **6** (1963) 3, S. 227–238.
Liszonyi, Z., u. *Hegyi, G.*, Vergleich der Arbeit von halbstarren und elastischen Deckelbezügen. Magyar Textiltechn. **15** (1963) 11, S. 523–525.

Spinnerei

Neue automatische Abziehvorrichtungen an Ringspinnmaschinen. Bull. Inst. Textile France **17** (1963) 108, S. 997–1012.
Gangli, B., Leistungen von Verzugsreglern. Magyar Textiltechn. **15** (1963) 12, S. 537–544.
Schallat, L., u. *Decker, V.*, Der Einfluß langer Viskosefasern-Wolltyp auf die Garnfehler Noppen, Dickstellen und Kracher. Mitt. Inst. Textiltechnol. Chemiefasern Rudolstadt **7** (1963) 6, S. 328–330.
Kittel, H., Anhaltspunkte für die Herstellung von einwandfreiem Vor- und Feingarn in der Streichgarn- und Vigognespinnerei. IV. Z. ges. Textilind. **65** (1963) 11, S. 878–884.
Lyckegard, U., u. *Simon, P.*, Das Naßspinnen von Flachs. Spinner, Weber, Textilveredlung **81** (1963) 11, S. 1171–1173.
Bauer, H., Einsatz eines Flyerflügels mit erhöhter Preßfingerbelastung bei Verarbeitung von Viskosefasern. Dt. Textiltechnik **13** (1963) 10, S. 513 bis 516; 11, S. 574–578.
Kleinhansl, E., Erfahrungen mit dem Fransbach-Flyerflügel bei der Verarbeitung von Chemiefasern. Z. ges. Textilind. **65** (1963) 11, S. 885–890.
Tischendorff, H., Die Herstellung von Grobgarnen im Kurzspinnverfahren. Textil-Praxis **18** (1963) 11, S. 1053–1054.
Wegener, W., u. *Peuker, H.*, Das Faserband-Spinnverfahren. Teil IV. Einfluß von ein, zwei oder drei Streckenpassagen auf die Garn- und Gewebeungleichmäßigkeit. Z. ges. Textilind. **65** (1963) 11, S. 896–906.
Oxtoby, E., Spinndrehung in Kammgarnen. Textile Rec. **81** (1963) 969, S. 50–53.
Ring- und Läuferkombinationen und Garndurchgang bei Spinn- und Zwirnringen. Teil II. Spinner, Weber, Textilveredlung **81** (1963) 10, S. 1174 bis 1175.

IV. Materialvorbereitung. Texturfadenherstellung. Textilverbundstoffe

Materialvorbereitung

Tomaszewski, R., Das Schlichten von Bastfasergarnen. Dt. Textiltechnik **13** (1963) 11, S. 584–586.

Texturfadenherstellung

Decker, V., Untersuchungen an Schrumpfgarnen aus Polyacrylnitril. Mitt. Inst. Textiltechnol. Chemiefasern Rudolstadt **7** (1963) 5, S. 255–259.

Textilverbundstoffe

Buresh, F. M., Ein Blick in die Zukunft bei Verbundstoffen. Mod. Textiles Mag. **44** (1963) 11, S. 49–53.

V. Weberei

Weberei

Jederán, M., Probleme bei der Drehzahlerhöhung von Baumwoll-Webmaschinen. Magyar Textiltechn. **15** (1963) 11, S. 493–502.
Fojtl, N., Entfernung von Schußfadenresten von den Spulen der automatischen Webstühle mittels pneumomechanischer Maschinen. Textil. Praha **18** (1963) 11, S. 407–410.
Fehér, J., Methode zur Bestimmung der wirklichen Bewegungsgesetze einer gegebenen Schlagvorrichtung. Magyar Textiltechn. **15** (1963) 12, S. 564–567.
Lünenschloß, J., u. *Péterfi, M.*, Der Einfluß von Variationen der Garnnummer, Garndrehung, Schußspulspannung, Garnrauhigkeit und Schußdichte auf die Entstehung von Schußbanden bei kettelastischen Geweben. Textil-Praxis **18** (1963) 11, S. 1063–1073.

Erzeugnisse der Weberei

Walter, H., Möbelbezugsstoffe für Schaumgummipolsterung. Textil-Praxis **18** (1963) 11, S. 1055–1057.
Riesnert, W., Gewebefehler, die in der Weberei entstehen – Ursache und Verhütung. Teil 9. Textil-Praxis **18** (1963) 11, S. 1057–1060.

VI. Wirkerei. Strickerei. Konfektionstechnik. Sonstige Technologien

Wirkerei. Strickerei

Enkalon-Nylongarn. Hosiery Times **36** (1963) 414, S. 83, 84, 87.
Vaščinskij, L. K., Prozeß des Weitens beim Wirken von Ware auf neuen Cottonautomaten. Izv. vysšich uč. Zav. Technol. legkoj Prom. (Hochschulnachr., Technol. Leicht-Ind.) (1963) 5, S. 84–90.

Erzeugnisse der Wirkerei und Strickerei

Dittrich, K., Größenbezeichnung für Strümpfe und Strumpfhosen. Bekleid. u. Maschenware **2** (1963) 6, S. 13–15.
Knobil, H. E., Kuliergewirkte Oberbekleidung aus Falschdraht-Nylongarn. Textile Inst. Ind. **1** (1963) 11, S. 7–8, 10.
Leistungsstandards für Bekleidungstextilien. Hosiery Trade J. **70** (1963) 840, S. 114–115.

Konfektionstechnik

Richter, K., Besttechnologie für das Annähen von Spitze an Gewirken und Gestricken. Bekleid. u. Maschenware **2** (1963) 6, S. 38–39.
Pavlenko, J. S., Methode des optimalen Zuschneidens von Geweben zu Bahnen. Izv. vysšich uč. Zav., Technol. legkoj Prom. (Hochschulnachr., Technol. Leicht-Ind.) (1963) 5, S. 3–9.
Sutormina, R. V., Über das Durchstechen von Gewebe mit einer Nähnadel. Izv. vysšich uč. Zav., Technol. legkoj. Prom. (Hochschulnachr., Technol. Leicht-Ind.) (1963) 5, S. 77–83.

VII. Textilveredlung

Dorsch, J., Wassersparende Technologien bei der Ausrüstung von Futterseidengeweben. Dt. Textiltechnik **13** (1963) 11, S. 600–602.
Peter, M., Das Bleichen und Färben von Baumwolltrikot (Rundstuhlwaren) auf dem Foulard. Ciba-Rdsch., Basel (1963) 5, S. 50–52.

Farbstoffe. Textilhilfsmittel

Pályi, G., u. *Péter, F.*, Die Anwendung der Oszillographie bei einzelnen textilchemischen Untersuchungen. III. Magyar Textiltechn. **15** (1963) 10, S. 462–466.
Hildreth, J. D., u. *Patterson, D.*, Farbunterschiede bei Azopigmenten. I. Der Einfluß der Fällungsbedingungen. J. Soc. Dyers Colourists **79** (1963) 11, S. 519–523.
Craven, B. R., u. *Datyner, A.*, Die Wechselwirkung zwischen einigen sauren Wollfarbstoffen und Nonylphenol-Äthylenoxid-Derivaten. II. Diffusionskoeffizienten der Farbstoffe in wäßrigen, oberflächenaktive Substanzen enthaltenden Lösungen. J. Soc. Dyers Colourists **79** (1963) 11, S. 515–519.
Charcharov, A. A., Gurtovenko, S. I., u. *Kalostarov, I. J.*, Untersuchung der Hydrolyse von Farbstoffen, die Chlorderivate von Heterocyclen als Reaktionssystem enthalten. Izv. vysšich uč. Zav. Technol. tekstil. Prom. (Hochschulnachr. Technol. Textil-Ind.) (1963) **4**, S. 98–102.
Abel, H., Albegal CL, ein neuartiges Egalisiermittel für 1:2 Metallkomplex-Farbstoffe. Ciba-Rdsch., Basel (1963) 5, S. 42–44.
Bornmann, G., u. *Loeser, A.* (unter Mitarbeit von *Stanišic, M.*), Über eine waschaktive Substanz auf Basis Dodecylbenzolsulfonat. Fette, Seifen, Anstrichmittel/Ernährungsind. **65** (1963) 10, S. 818–824.
Ruschenburg, E., Zur Kenntnis des biologischen Verhaltens waschaktiver Substanzen. I. Konstitution und biologischer Abbau von Alkylbenzolsulfonaten. Fette, Seifen, Anstrichmittel/Ernährungsind. **65** (1963) 10, S. 810–814.
Hirsch, E., Zur Kenntnis des biologischen Verhaltens waschaktiver Substanzen. II. Konstitution und Fischverhalten von Alkylbenzolsulfonaten. Fette, Seifen, Anstrichmittel/Ernährungsind. **65** (1963) 10, S. 814 bis 818.
Ubaldini, I., Synthetische Farbstoffe. Mitt. XI. Fibre e Colori, Milano **13** (1963) 11, S. 397–403.

Bleicherei. Sonstige Vorbehandlungsarbeiten der Textilveredlung

Frieser, E. P., Über das Bleichen und die Bleichmittel in der Textilindustrie. II. Spinner, Weber, Textilveredlung **81** (1963) 11, S. 1181–1187.
Himmelreich, W., u. *Hauschild, G.*, Feststellung und Maßnahmen zum Vermeiden der Faserschädigungen beim Bleichen von Erzeugnissen aus Cellulosefasern. Dt. Textiltechnik **13** (1963) 11, S. 605–608.
Rochas, P., Optisches Aufhellen. Bull. Inst. Textile France **17** (1963) 108, S. 941–966.

Färberei

Dinkler, L., Der Weg zur Automatisierung in der Färberei. Z. ges. Textilind. **65** (1963) 11, S. 928–930.
Soiron, C., Neuerungen in der Wollfärberei. Fibre e Colori, Milano **13** (1963) 10, S. 349–351.

Meunier, P. L., u. *Thomas, R. J.*, Der Einfluß der neuen Fasern auf die Färbereitechnologie in den USA. Internat. Dyer, Textile Printer, Bleacher, Finisher **130** (1963) 11, S. 831, 833, 835, 837.

Fowler, J. A., Moderne Methoden der kontinuierlichen Färbung von Cellulosefaserstoffen mit Procion-Farbstoffen. Textile Rec. **81** (1963) 969, S. 55–58, 66.

Wilhelm, E., u. *Schlüter, H.*, Neuere Erkenntnisse beim Färben von regenerierter Cellulose mit Küpenfarbstoffen in der Apparatefärberei. Textil-Praxis **18** (1963) 11, S. 1078–1082.

Merian, E., *Carbonell, J.*, *Lerch, U.*, u. *Sanahuja, V.*, Die Sättigungswerte, Färbegeschwindigkeiten, Diffusionsgeschwindigkeiten und die Migration von Dispersionsfarbstoffen bei heißfixierten Polyesterfasern. J. Soc. Dyers Colourists **79** (1963) 11, S. 505–515.

Gift, H. C., Polyamidfaser-Färberei mit neutralen Säurefarbstoffen. Chemischreiniger u. Färber/Färber-Ztg. **16** (1963) 11, S. 576.

Ging, D., Das Färben von Glasfaserstoffen mit Mikrofix-Farbstoffen. Ciba-Rdsch., Basel (1963) 5, S. 41.

Moosdorf, Betrachtungen über rationelles Oxydieren und Seifen von Indanthrenfärbungen in der Stückfärberei. Dt. Textiltechnik **13** (1963) 11, S. 610–611.

Ponchel, P., *Mazingue, G.*, u. *van Overbèke, M.*, Die Farbstoffaffinität von Wollkammzügen. Bull. Inst. Textile France **17** (1963) 108, S. 905–919.

Ponchel, P., *Mazingue, G.*, u. *van Overbèke, M.*, Beitrag zur Untersuchung der Modifikation der färberischen Eigenschaften von Wolle durch Filzfestbehandlungen. Bull. Inst. Textile France **17** (1963) 108, S. 921–939.

Cuthbertson, G. R., *Farber, M. R.*, *Loveless, F. C.*, u. *Truslow, N. A.*, Eine neue, im Stück färbbare Polypropylon-Teppichfaser. Z. ges. Textilind. **65** (1963) 11, S. 931–936.

Druckerei

Badortscher, W., Verfahren zur Anwendung von Faserreaktivfarbstoffen im Direktdruck auf Cellulosefasermaterial mit einem tertiären Amin. Amer. Dyestuff Rep. **52** (1963) 22, S. 18(859)–21(862).

Ausrüstung. Trocknung

Speakman, J. B., Die wissenschaftlichen Grundlagen der Wollausrüstung. Textil-Praxis **18** (1963) 11, S. 1073–1078.

Pittman, A. G., Pfropfung von Poly(1,1-dihydroperfluoralkylacrylaten) auf Wolle. Textile Res. J. **33** (1963) 10, S. 817–824.

Modlich, H., Über die Veränderungen mechanisch-technologischer Eigenschaften von Nylon-6-Fäden durch Spannung während Hitzebehandlungen. Z. ges. Textilind. **65** (1963) 11, S. 907–909.

Möbes, A., Untersuchungen für die Technologie des Buntfixierens von Damenstrümpfen aus Falschdrahtkräuselfäden. Bekleid. u. Maschenware **2** (1963) 6, S. 12–13.

Bericht über Verbesserungen bei „wash-and-wear"-Baumwollgeweben. Mod. Textiles Mag. **44** (1963) 11, S. 32.

Über eine neue flammfeste Verbindung. Aus: Power Laundry & Cleaning News **108** (1963) S. 1063, Ref.: Chemischreiniger u. Färber/Färber-Ztg. **16** (1963) 11, S. 577.

Lange, B., Anwendung von Kunststoffen in der Textilausrüstung. Z. ges. Textilind. **65** (1963) 11, S. 910–916.

Reinsch, H. H., Das kontinuierliche elektrostatische Beflocken mit Kunststoff-Fasern und -Klebern. Kunststoff-Rdsch. **10** (1963) 11, S. 572–579.

CORFAM — es ist „poromer". Internat. Dyer, Textile Printer, Bleacher, Finisher **130** (1963) 11, S. 839, 841.

Köhler, W. D., Ausrüstung gewebter und gewirkter Hemdenstoffe aus Dederon-Seide. Mitt. Inst. Textiltechnol. Chemiefasern Rudolstadt **7** (1963) 5, S. 269–273.

Polinskij, S. L., *Plotnikov, I. V.*, u. *Pavlov, S. A.*, Synthese und Untersuchung der hydrophilen Polyesterurethane für die Schaffung von Kunstleder mit hohen hygienischen Eigenschaften. Mitt. 3. Der Einfluß der Struktur der hydrophilen Polyesterurethane auf ihre physikalisch-chemischen Eigenschaften. Izv. vysšich uč. Zav., Technol. legkoj Prom. (Hochschulnachr., Technol. Leicht-Ind.) (1963) 5, S. 31–36.

Wäscherei. Chemische Reinigung

Rajchlin, F. I., Kontinuierliche Arbeitsverfahren für das Auskochen und die Wäsche von Kammgarngeweben. Inform. Prehled Výzkumný Ust. Vlanarský, Brno (Inform. Übers. Wollforsch.-Inst.) **13** (1963) 6, S. 223 bis 238.

Mönch, R., Die Chemischreinigung unter dem Mikroskop. Chemischreiniger u. Färber/Färber-Ztg. **16** (1963) 11, S. 569–570, 572, 574–575.

VIII. Werkstoffprüfung. Meß- und Prüftechnik. Standardisierung

Eigenschaften und Fehler der Textilmaterialien u. a.

Petterson, D. R., u. *Backer, S.*, Beziehungen zwischen der Strukturgeometrie eines Gewebes und seinen physikalischen Eigenschaften. Teil VII. Mechanik der nichtgewebten Stoffe. Orthotropes Verhalten. Textile Res. J. **33** (1963) 10, S. 809–816.

Baird, K., Veränderung der Faserkrümmung mit der Feuchtigkeit bei fixierten Wollfasern und Haar. Textile Res. J. **33** (1963) 10, S. 866–868.

Bayley, C. H., *Rose, G. R. F.*, *Clifford, J. B.*, u. *Cooney, J. D.*, Der Einfluß von Cellulosezusatzstoffen auf den Abbau von Baumwollgewebe unter Sonnenlichteinwirkung, Teil I. Einige kupferhaltige fungizide Mittel. Textile Res. J. **33** (1963) 10, S. 849–854.

Chicurel, R., u. *Suppiger, E.*, Last-Biegungs-Analyse von Fasern mit dreidimensionaler Kräuselung. Textile Res. J. **33** (1963) 10, S. 767–772.

Barella, A., *Miró, P.*, *Sust, A.*, u. *Anguera, S.*, Beitrag zur Untersuchung der mechanischen Eigenschaften von chemisch modifizierten Baumwollen. Invest. Inform. textil, Barcelona **6** (1963) 3, S. 197–214.

Krasny, J. F., *Groh, G. J.*, u. *Yelland, W. E. C.*, Einige Eigenschaften von 50/50-Nylon/Baumwolle und -Nylon/Viskosefaser-Mischungen. Teil I. Festigkeit und Luftdurchlässigkeit von Geweben mit unterschiedlicher Konstruktion. Textile Res. J. **33** (1963) 10, S. 829–838.

Barella, A., Neue Informationen bezüglich der Vorhersage des Verhaltens von geschichteten Garnen. Invest. Inform. textil, Barcelona **6** (1963) 3, S. 239–246.

Lee, J. S., u. *Finkner, N. D.*, Tragеeigenschaften von ausgewählten New Mexico-Wollsorten. Teil II. Garnnummer, Dicke, elektrische Kapazität und Gewicht. Textile Res. J. **33** (1963) 10, S. 855–863.

Hall, J. A., Neues Verfahren zur Verminderung der Pillingbildung auf Synthesefasererzeugnissen. Textile Rec. **81** (1963) 969, S. 65–66.

Bhattacharyya, J. P., u. *Basu, S. N.*, Vergleich der durch Mikroorganismen und Witterungseinflüsse verursachten Schädigung von Jute- und Baumwollkanevas. Textile Res. J. **33** (1963) 10, S. 868–869.

Schutz, R., u. *Exbrayat, P.*, Beitrag zur systematischen Untersuchung des Schlichtens. 15. Mitt. Untersuchung des Haftvermögens. Bull. Inst. Textile France **17** (1963) 108, S. 967–982.

Averkin, A. A., *Ajrapetjanc, A. V.*, *Ilisavskij, Ju. V.*, *Lucenko, E. L.*, u. *Serebrjanikov, V. S.*, Einfluß von Zug und allseitigem Druck auf die Leitfähigkeit von thermisch behandeltem Polyacrylnitril. Dokl. Akad. Nauk SSSR (Ber. Akad. Wiss. UdSSR) **152** (1963) 5, S. 1140–1142.

Jänsch, M., *Kühn, H. K.*, *Wünsch, E.*, u. *Müller, I.*, Farbstoffsorption und Farbstoffaffinität von Synthesefaserstoffen. Mitt. Inst. Textiltechnol. Chemiefasern Rudolstadt **7** (1963) 6, S. 313–320.

Steinmüller, H., u. *Müller, I.*, Koloristische Standardprüfung von Chemiefaserstoffen. Mitt. Inst. Textiltechnol. Chemiefasern Rudolstadt **7** (1963) 5, S. 260–268.

Meß- und Prüftechnik

Haase, I., *Löbel, W.*, u. *Zeidler, H.*, Die Anwendung radioaktiver Isotope in der Textilindustrie und der Textilforschung. Dt. Textiltechnik **13** (1963) 11, S. 586–593.

Tugeev, K. S., u. *Morozov, A. V.*, Vorrichtung für die Bestimmung der elektrostatischen Aufladung von Textilmaterialien. Tekstil. Prom., Moskva (Textil-Ind.) **23** (1963) 9, S. 80–82.

Hladík, V., u. *Verisek, P.*, Untersuchungen von elektrischen Leitfähigkeitsmessungen an Fasern. Dt. Textiltechnik **13** (1963) 11, S. 603–604.

Mehta, P. C., u. *Mehta, R. D.*, Weitere Daten über mit Dimethylharnstoff behandelte Baumwollgewebe. Textile Res. J. **33** (1963) 10, S. 870 bis 871.

Šrámek, J., Papierchromatographie synthetischer Farbstoffe. Dt. Textiltechnik **13** (1963) 11, S. 594–599.

Roberts, N. F., u. *Algie, J. E.*, Die Messung des Feuchtigkeitsgehalts der für industrielle Zwecke bestimmten Schweißwolle: Die Begrenzung elektrischer Verfahren zur Messung des Feuchtigkeitsgehalts von Schweißwolle. J. Textile Inst. **54** (1963) 11, S. T464–T472.

Černý, J., Methodik der Bewertung von subjektiv eingeschätzten Prüfungen von Textilmaterialien. Textil, Praha **18** (1963) 11, S. 429–431.

Stratmann, M., Acetat-Faserstoffe in der qualitativen Faserstoffanalyse. Z. ges. Textilind. **65** (1963) 11, S. 891–895.

Vidiella, J. E., Beziehung zwischen den Reißfestigkeiten, die mittels eines Dynamometers zur Bestimmung der Strangfestigkeit und eines automatischen Dynamometers erhalten wurden. Invest. Inform. textil, Barcelona **6** (1963) 3, S. 215–225.

Rösch, H., Welchen Einfluß hat die Art der Laststeigerung auf die Ergebnisse der Werkstoffprüfung? Materialprüfung **5** (1963) 11, S. 397–402.

Torkunera, Z. A., Gerät für die automatische Bestimmung der Strumpfdichte. Dt. Textiltechnik **13** (1963) 11, S. 608–609.

Gan, L. R., Die kubische Dylan-Waschapparatur. Textile Res. J. **33** (1963) 10, S. 873–874.

Zahn, H., u. *Blankenburg, G.*, Die kubische Dylan-Waschapparatur. Textile Res. J. **33** (1963) 10, S. 875–876.

Maclaren, J. A., Untersuchungen über die Vergilbung von Wolle. Teil VI. Mit der Vergilbung verbundene Veränderungen der Zusammensetzung der Aminosäuren unter besonderer Berücksichtigung von Cystin. Textile Res. J. **33** (1963) 10, S. 773–778.

Bradbury, J. H., Die Theorie der Schrumpffestausrüstung von Wolle. Teil VI. Lichtmikroskopische Identifizierung der Schuppenverkittung und örtlichen Verklebung von Fasern durch Anlagerung von Polymeren. Textile Res. J. **33** (1963) 10, S. 824–828.

Pande, A., Messung und Kontrolle von Feuchtigkeit in Textilien. Teil VII. Textile Rec. **81** (1963) 969, S. 62–63.

Weasterberg, L., Formhaltung von Kleidungsstücken unter veränderlichen Luftfeuchtigkeitsbedingungen. J. Textile Inst. **54** (1963) 11, S. T433–T444.

Chippindale, P., Verschleiß, Abscheuerung und Waschen von Baumwollgeweben. J. Textile Inst. **54** (1963) 11, S. T445–T463.

Ledwoch, K.-D., Die Analyse und Prüfung von Kunststoffen in der Zeitschriften-Literatur des Jahres 1962. Kunststoff-Rdsch. **10** (1963) 11, S. 561–566.

Morrison, R. D., Neue photomikrographische Aufnahmen einschließlich bekannter Methoden zur Faseridentifizierung. Fasern in Textilien: Identifizierung. Vorschlag zur Prüfmethode 20–1963 T. Amer. Dyestuff Rep. **52** (1963) 22, S. 28(P867)–47(P886).

Ott, A., Schwingsonde zur Zähigkeitsmessung in Flüssigkeiten. ATM Arch. techn. Messen ind. Meßtechnik (1963) 333, R129–R132.

Wünsch, E., u. *Körner, K.*, Zur Jodsorption von Polyesterfaserstoffen. Mitt. Inst. Textiltechnol. Chemiefasern Rudolstadt **7** (1963) 6, S. 308 bis 312.

Derminot, J., u. *Baures, M.*, Anwendung der Papierchromatoelektrophorese zur Unterscheidung von Celluloseregeneratfasern aus Baumwoll-Linters und Holzzellstoffen. Bull. Inst. Textile France **17** (1963) 108, S. 985–993.

Faragó, B., Strahlungsabsorption der Garnkörper und prinzipielle Grundlagen der Isotopen-Feuchtigkeitsmessung. Magyar Textiltechn. **15** (1963) 12, S. 545–548.

Rentsch, K., Baumwolle/Zellwolle-Mischungen und ihre Auswirkungen auf den Gebrauchswert von Untertrikotagen. Mitt. Inst. Textiltechnol. Chemiefasern Rudolstadt **7** (1963) 5, S. 274–280.

Torkunova, Z. A., Über die Methoden zur Bestimmung der Verschleißfestigkeit von Strumpf- und Sockenerzeugnissen. Izv. vysšich uč. Zav., Technol. legkoj Prom. (Hochschulnachr., Technol. Leicht-Ind.) (1963) 5, S. 56–61.

Kaufmann, S., Die Messung der Farbstreifigkeit von Viskosefaserstoffen mit dem Kugelreflektometer. Mitt. Inst. Textiltechnol. Chemiefasern Rudolstadt **7** (1963) 6, S. 297–300.

Wünsch, E., Untersuchungen zum chemischen Verhalten von Chemiefaserstoffen. IV. Thermisches und hydrothermisches Verhalten von GRISUTEN-Seide. Mitt. Inst. Textiltechnol. Chemiefasern Rudolstadt **7** (1963) 6, S. 301–307.

Mönch, R., Die zwischen Faser und Schmutz wirksamen Kräfte. Eine Literaturstudie. Mitt. Inst. Textiltechnol. Chemiefasern Rudolstadt **7** (1963) 4, S. 210–216; 5, S. 241–254; 6, S. 322–327.

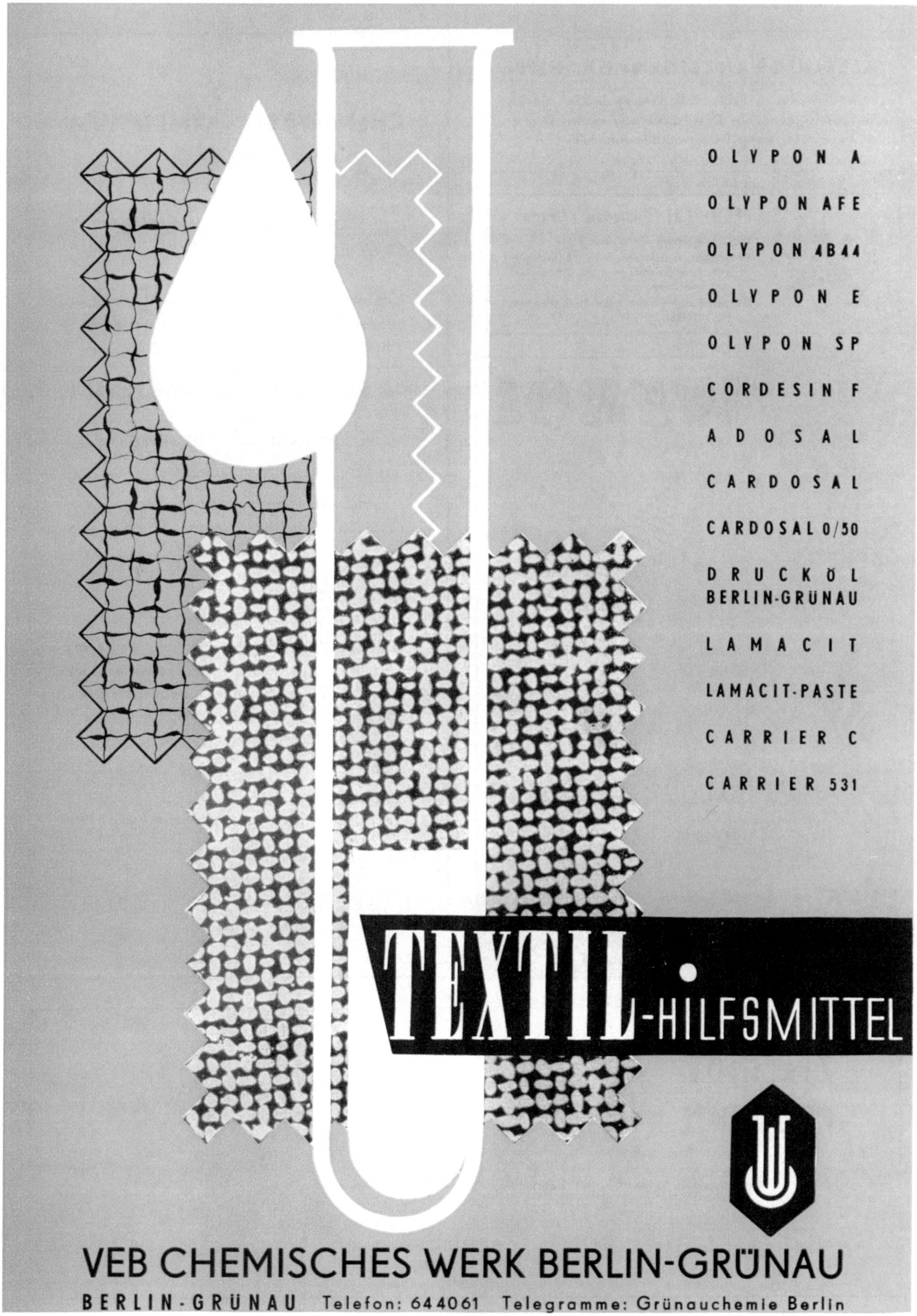

31712